演習問題で学ぶ
材 料 の 力 学

野田 尚昭
小田 和広 共著
高木 怜

コ ロ ナ 社

ま え が き

ものづくりにおいては，その材料に力が加わっても壊れないよう設計する必要がある。極端な変形が生じれば使用できないので，変形量を把握することも要求される。材料力学や弾性力学と呼ばれる学問は，材料を安全かつ経済的に使用する上で必要となり，機械系のエンジニアが必要とする 4 力学の中でも，最も基本的かつ重要である。特に，教科書や参考書に書かれていることを，知識として知っているだけではなく，実用問題に応用できる能力を身に着けていることが必要となる。機械や構造物を仮想的に切断し（切断法），切断した物体に注目して自由体線図を描き，力の釣合いを考えることは設計やものづくりの現場では頻繁に行われている。また，実際の機械や構造にはいろいろな形状が存在するので，機械系の 4 力学の中でも特に材料の力学では，応用力を身に着けることが必要である。このような観点から，著者らの一人は，さきに「演習問題で学ぶ釣合いの力学」を上梓した。同書ではまず，質点の釣合いと剛体の力の釣合いの復習から始めて，実際に問題を解く上で特に重要となる，2 力物体の釣合いの考え方とその演習問題を取り上げた。そして，その応用をトラス（2 力物体で構成される）やフレームの演習問題として示すとともに，SFD（せん断力図）と BMD（曲げモーメント図）への応用や，変形を考慮する不静定問題の演習までを取り扱った。

本書では，上記のような，切断法→自由体線図→力の釣合いの考え方を，材料の力学に応用する。ここで取り扱う問題は，構造物を，棒や軸などの 1 次元の構造や 1 次元の部材を組み合わせたより単純な構造物としてモデル化したものである。このモデル化により，材料に生じる応力は，変形を規定するパラメータを仮定して断面のひずみ分布を表示し，応力とひずみの関係を用いて断面内の応力を荷重の関数として表すという統一的な手順で求められる。よって，計算機を使用することなく，紙と鉛筆で強度設計ならびに剛性設計を行うことができる。本書においても，「演習問題で学ぶ釣合いの力学」から一貫して，切断法→自由体線図→力の釣合いのアプローチを自分自身で，実際の問題を考えることによって，身に着けていけるように努めている。

計算機が発達した今日では，種々の問題がその利用によって解かれるようになっており，実際の複雑構造の設計にも用いられている。しかし，それに安易に頼ることによって，むしろ事故の危険性が高められている面がある。本書の内容は，材料の力学分野で基本となる直線棒の引張り・ねじり・曲げによる応力や変形の理論を身に着けることを中心としているが，そのためだけではなく，計算機をより有効に使用するための単純化・モデル化や，計算機で得られた結果をそのまま使うのではなく，その妥当性を確認する上でも有用となる。このような観点からも本書を活用していただければ幸いである。

2022 年 2 月

著者一同

目　　　次

1. 力の釣合いと SFD・BMD

2. 直線棒に生じる応力とひずみ

3. 引張りと圧縮

4. ね　じ　り

5. はりの曲げとたわみ

6. はりのたわみの不静定問題

7. 曲げとねじりの組合せ

8. エネルギー法・カスティリアーノの定理

9. 弾性力学の基礎

10.　直線棒の圧縮による座屈

1

力の釣合いと SFD・BMD

切断法→自由体線図→力の釣《つり》合いは材料の力学の基本であり，設計やものづくりに必須のアプローチである。機械や構造物を仮想的に切断し，切断した物体（自由体）のある部分に注目して，力の釣合いを考えることで，実際の機械や構造に作用する力が明確になる。その練習には，平面フレームの問題を解くことや，**SFD**（せん断力図）・**BMD**（曲げモーメント図）を書いてみるのがよい。これらは前著「演習問題で学ぶ釣合いの力学」にて多数取り上げているので，ここでは三つの問題を示す。

【演習問題 1.1】平面フレーム 1

図 1.1 のような構造において，点 E の滑車に荷重 P が負荷されている。以下の問に答えよ。

（1）各部材の自由体線図（自由体に作用する力を図示したもの）を描け。

（2）部材 ABC の SFD と BMD を描け。

（3）部材 DBE の SFD と BMD を描け。

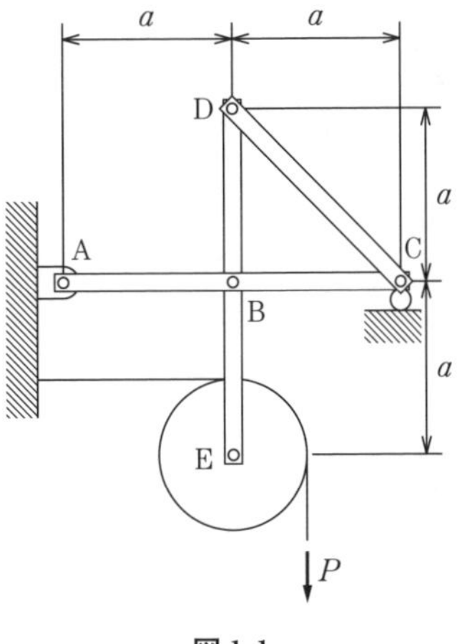

図 1.1

（解説）

（1）2 次元剛体の釣合い条件は，前著「演習問題で学ぶ釣合いの力学」の以下の式で表される（同書 P.26，式 (1.11) 参照）。

$$\sum F_x = 0$$
$$\sum F_y = 0 \qquad (1.1)$$
$$\sum M_A = 0$$

ここで，F_x, F_y は各力の x, y 方向の力の成分であり，M_A は各力の任意の点（ここでは点 A）回りのモーメントである。

まず，滑車を自由体とすると，その自由体線図は**図 1.2** のようになる。

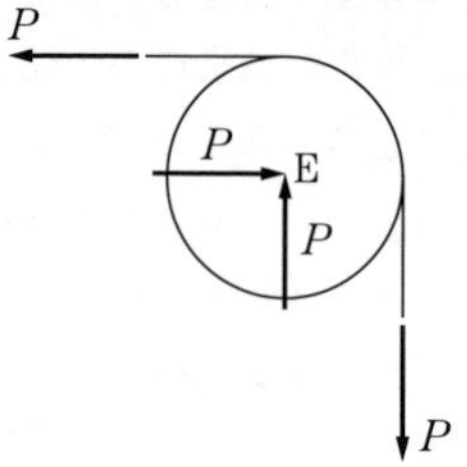

図 1.2

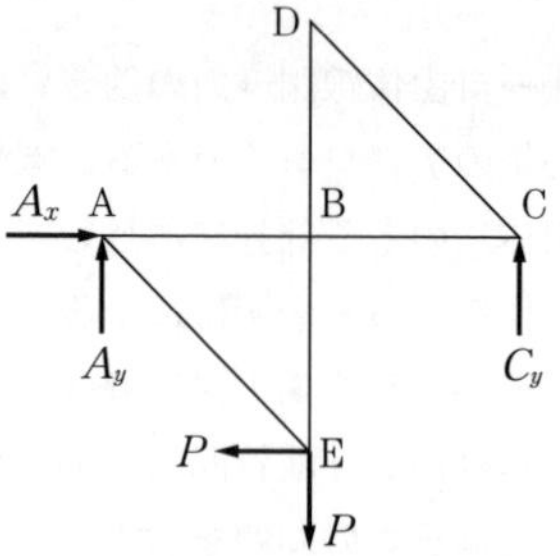

図 1.3

また，滑車以外の構造を自由体とすると，**図 1.3** のようになる。このとき

$\sum M_A = 0$ より

$$Pa + Pa + C_y \times 2a = 0$$
$$\therefore\ C_y = P$$

$\sum F_x = 0$ より

$$-P + A_x = 0$$
$$\therefore\ A_x = P$$

$\sum F_y = 0$ より

$$A_y - P + P = 0$$
$$\therefore\ A_y = 0$$

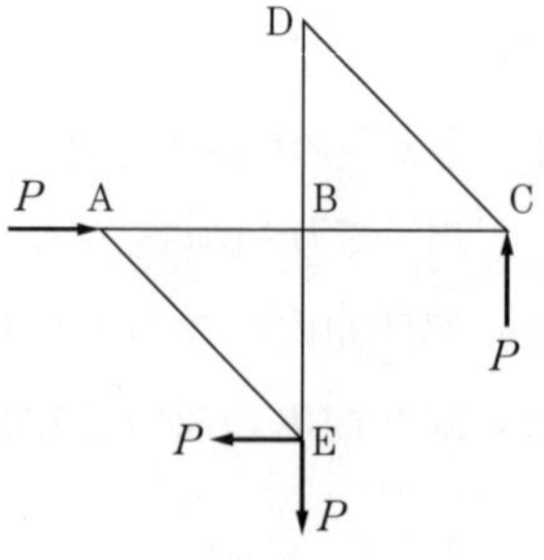

図 1.4

よって，図 1.3 は**図 1.4** となる。

つぎに，ABC の自由体（**図 1.5**）で

$\sum M_B = 0$ より

$$Pa - S/\sqrt{2} \times a = 0$$

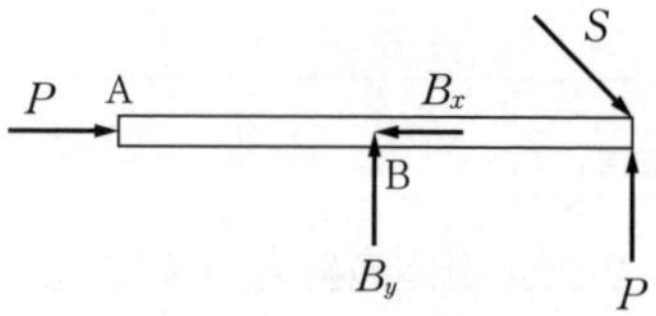

図 1.5

$\therefore S=\sqrt{2}\,P$

$\sum F_x=0$ より

$P+\sqrt{2}\,P/\sqrt{2}-B_x=0$

$\therefore B_x=2P$

$\sum F_y=0$ より

$B_y+P-\sqrt{2}\,P/\sqrt{2}=0$

$\therefore B_y=0$

よって，各部材の自由体線図は**図 1.6** のようになる。

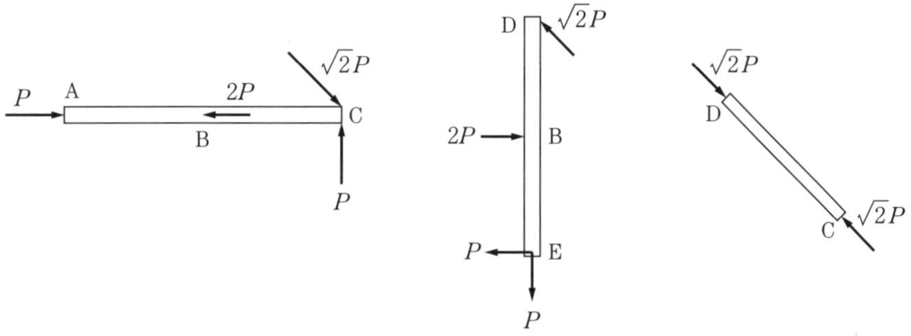

図 1.6

（2）ABC の SFD と BMD は**図 1.7**（a）のようになる。

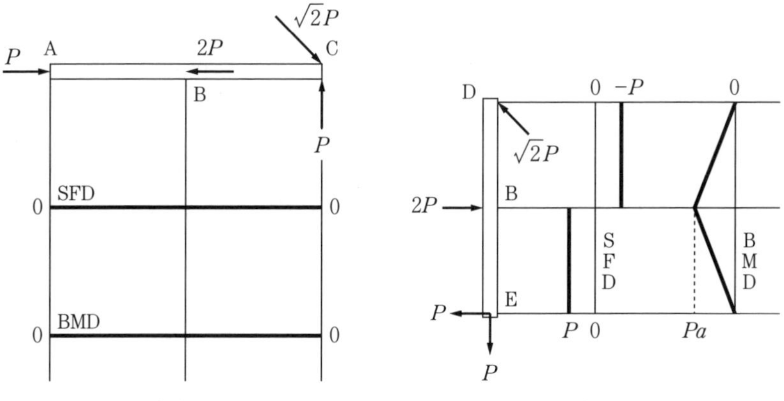

（a）　（b）

図 1.7

（3）DBE の SFD と BMD は図 1.7（b）のようになる。

【演習問題 1.2】平面フレーム 2

図 1.8 に示すような構造の BE 間に分布荷重 w が負荷されている。このとき，以下の問に答えよ。

（1）各部材の自由体線図を描け。

（2）部材 ABC および DBE の SFD と BMD を描け。

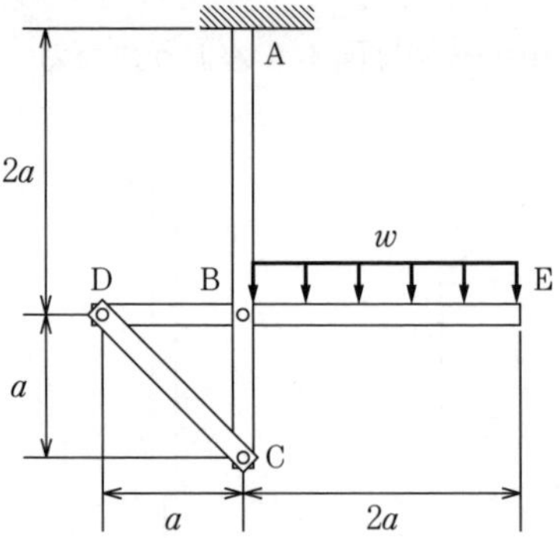

図 1.8

(解説)

（1）DBE の自由体（**図 1.9**）で

$\sum M_B=0$ より

$$S/\sqrt{2}\times a-2wa\times a=0$$

$$\therefore\ S=2\sqrt{2}\,wa$$

$\sum F_x=0$ より

$$2\sqrt{2}\,wa/\sqrt{2}-B_x=0$$

$$\therefore\ B_x=2wa$$

$\sum F_y=0$ より

$$B_y-2\sqrt{2}\,wa/\sqrt{2}-2wa=0$$

$$\therefore\ B_y=4wa$$

つぎに ABC の自由体（**図 1.10**）で

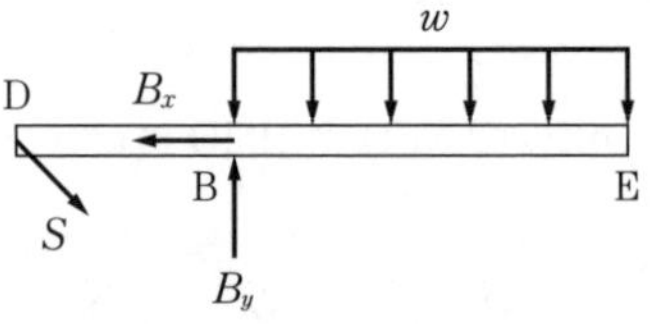

図 1.9

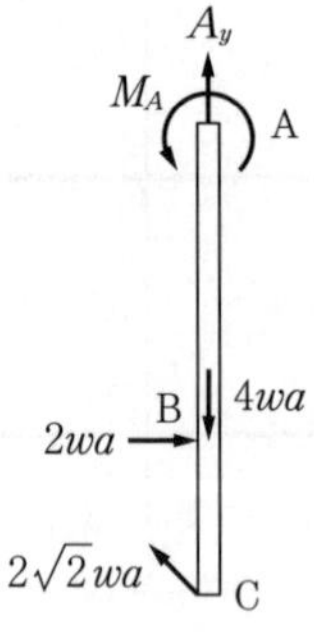

図 1.10

$\sum M_A = 0$ より

$$-2\sqrt{2}\,wa/\sqrt{2}\times 3a + 2wa\times 2a + M_A = 0$$

$$\therefore\ M_A = 2wa^2$$

$\sum F_y = 0$ より

$$2\sqrt{2}\,wa/\sqrt{2} + A_y - 4wa = 0$$

$$\therefore\ A_y = 2wa$$

よって，各部材の自由体線図は**図 1.11** のようになる。

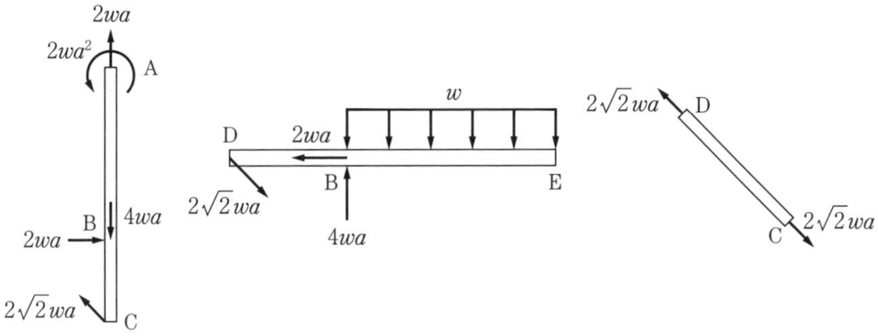

図 1.11

（2） ABC および DBE の SFD と BMD は**図 1.12**（a），（b）のようになる。

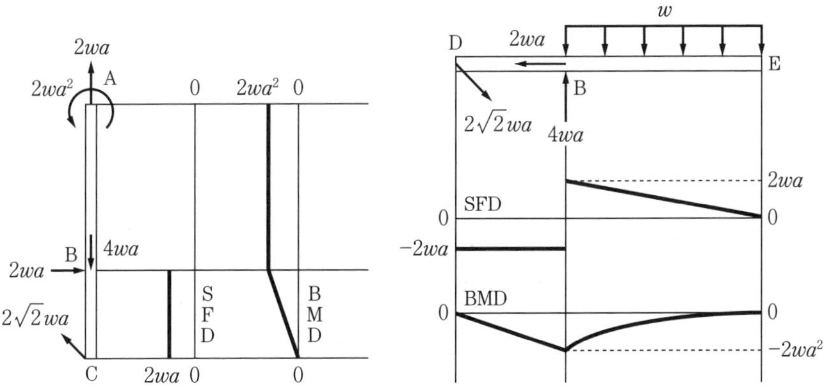

（a）　　　　（b）

図 1.12

【演習問題 1.3】平面フレーム 3

図 1.13 のような構造において，点 A および点 B に集中荷重 P が負荷されている。以下の問に答えよ。

（1）各部材の自由体線図を描け。

（2）部材 CDEF の SFD と BMD を描け。

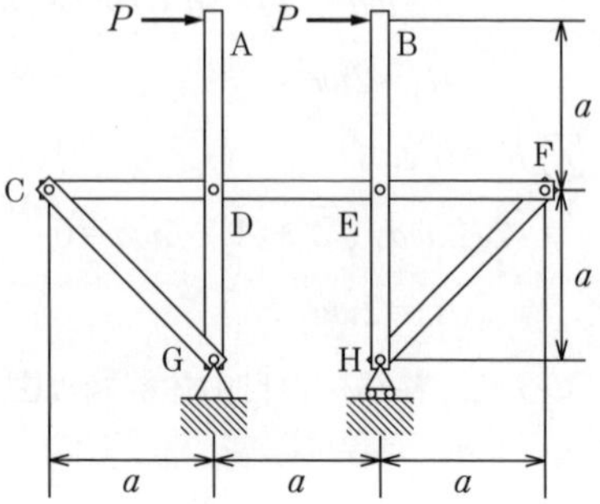

図 1.13

解説

（1）まず，全体を自由体とする（**図 1.14**）。

$\sum M_G=0$ より

$$P\times 2a+P\times 2a-H_y\times a=0$$

$$\therefore\ H_y=4P$$

$\sum F_x=0$ より

$$P+P-G_x=0$$

$$\therefore\ G_x=2P$$

$\sum F_y=0$ より

$$4P-G_y=0$$

$$\therefore\ G_y=4P$$

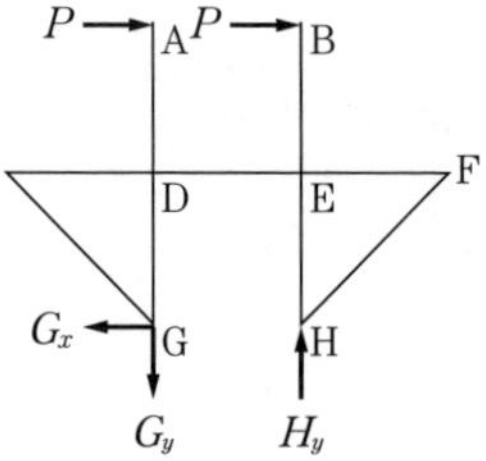

図 1.14

よって図 1.14 は**図 1.15** となる。

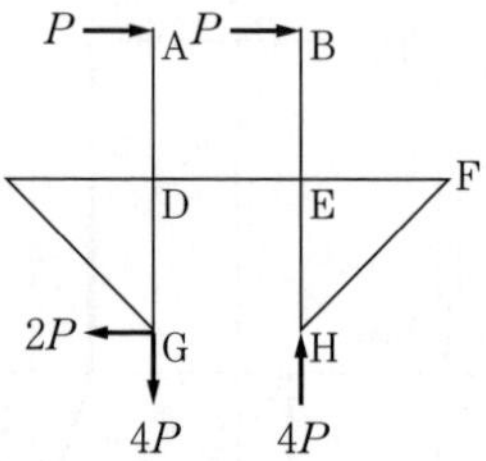

図 1.15

つぎに，ADG の自由体（**図 1.16**）で

$\sum M_D=0$ より

$$S_{CG}/\sqrt{2}\times a-Pa-2P\times a=0$$

$$\therefore\ S_{CG}=3\sqrt{2}\,P$$

$\sum F_x=0$ より

$$P+3\sqrt{2}P/\sqrt{2}-D_x-2P=0$$

$$\therefore D_x=2P$$

$\sum F_y=0$ より

$$D_y-3\sqrt{2}P/\sqrt{2}-4P=0$$

$$\therefore D_y=7P$$

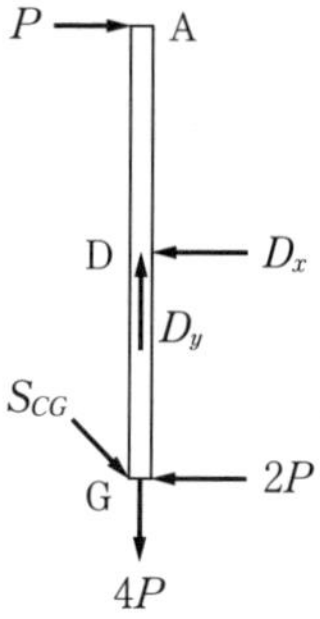

図 1.16

そして，BEH の自由体（**図 1.17**）で

$\sum M_E=0$ より

$$S_{FH}/\sqrt{2}\times a-Pa=0$$

$$\therefore S_{FH}=\sqrt{2}P$$

$\sum F_x=0$ より

$$P+\sqrt{2}P/\sqrt{2}-E_x=0$$

$$\therefore E_x=2P$$

$\sum F_y=0$ より

$$4P+\sqrt{2}P/\sqrt{2}-E_y=0$$

$$\therefore E_y=5P$$

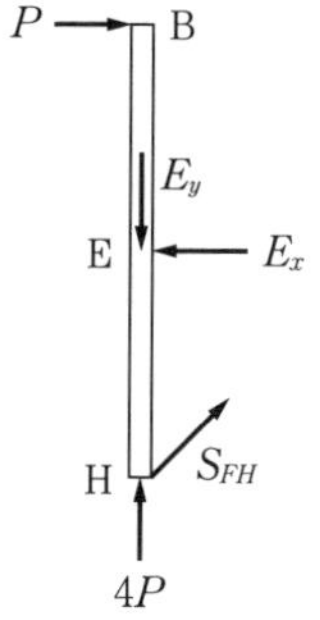

図 1.17

よって，各部材の自由体線図は**図 1.18**のようになる。

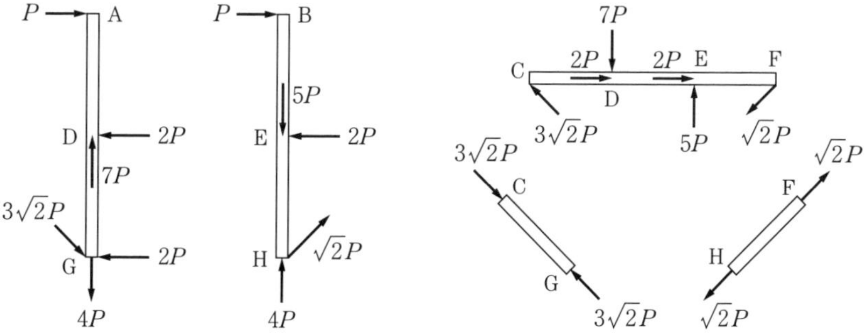

図 1.18

（2）CDEF の SFD と BMD は**図 1.19** のようになる。

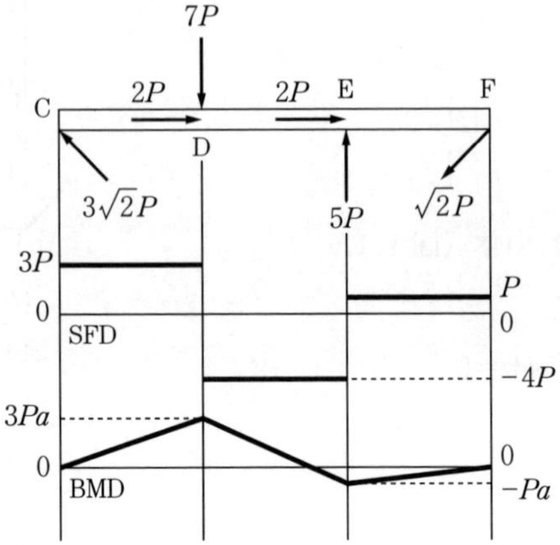

図 1.19

2

直線棒に生じる応力とひずみ

材料力学では構造を1次元的に近似し，応力や変形の公式を導く。例えば，曲げモーメント M を受けるはりの応力は　$\sigma=(M/I)\eta$　（η は横断面における中立軸からの距離）と表され，最もよく用いられる材料力学の公式であり，断面2次モーメント I を大きくすれば曲げ応力を小さくできる。直径 d の丸棒を例にとると，引張り P に対する引張応力は $\sigma=4P/\pi d^2$ であるのに対し，曲げモーメント M に対する最大応力は $\sigma_{\max}=32M/\pi d^3$，ねじりモーメント T に対する最大せん断応力は $\tau_{\max}=16T/\pi d^3$ と表され，直径 d の影響は異なっている。

2.1　引張り・ねじり・曲げにより生じる応力と変形

【演習問題 2.1】 引張応力と引張変形

図 2.1 に示すように，引張荷重 P が作用する直線棒の単位長さ当りの伸び（垂直ひずみ）を ε_0 とする。ここで，断面内のひずみは一定と仮定し，直線棒の断面積は A，ヤング率は E とする。以下の問に答えよ。

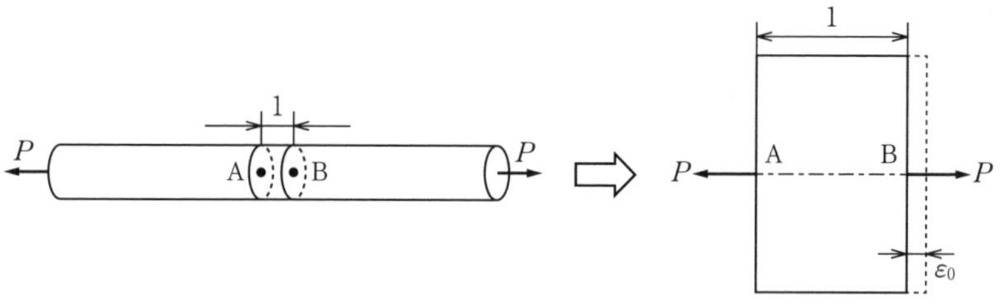

ε_0：棒（の中心線）の単位長さ当りの伸び

図 2.1

（1）応力とひずみの関係を用いて，断面内の垂直応力 σ を引張荷重 P の関数として求めよ。

（2）長さ l の棒の伸び δ を P, A, l, E を用いて表せ。

(解説)

（1）応力とひずみの関係は，フックの法則より $\sigma = E\varepsilon_0$ である。断面内の力の総和は P と等しいから，平衡条件（力の釣合い）より

$$P = \int_A \sigma dA = \int_A E\varepsilon_0 dA$$
$$= EA\varepsilon_0$$

したがって

$$\varepsilon_0 = \frac{P}{EA} \quad \rightarrow \quad \sigma = E\varepsilon_0 = \frac{P}{A}$$

（2）長さ l の棒の伸び δ は，単位長さ当りの伸びが ε_0 であることから

$$\delta = \varepsilon_0 l = \frac{Pl}{EA}$$

【演習問題 2.2】引張りを受ける丸棒の半径減少量

弾性変形では，荷重方向に伸びるとその直角方向には縮む（ポアソン効果)。**図 2.2** のように直径 d, 長さ l, ヤング率 E の丸棒に引張荷重 P が作用し，荷重方向の伸び δ が生じたとき，直径の変化量 Δd （<0）はいくらになるか。ここで，荷重方向のひずみ ε と直径方向のひずみ ε' の比を ν (ポアソン比) とする。

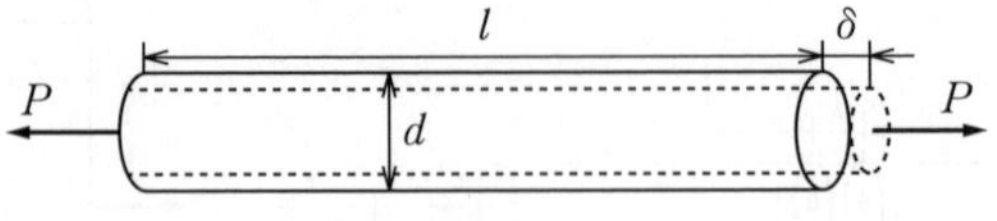

図 2.2

(解説)　荷重方向のひずみ ε, および直径方向のひずみ ε' は，δ と Δd を用いてつぎのように表される。

$$\varepsilon=\frac{\delta}{l},\quad \varepsilon'=\frac{\Delta d}{d}<0$$

またポアソン比νは，つぎのように定義される。

$$\nu=-\frac{\varepsilon'}{\varepsilon}=\left|\frac{\varepsilon'}{\varepsilon}\right|$$

したがって，丸棒の直径の変化量Δdは

$$\nu=-\frac{\varepsilon'}{\varepsilon}=\frac{\Delta d/d}{\delta/l}\quad\rightarrow\quad \Delta d=\nu d\frac{\delta}{l}$$

ポアソン比のとりうる範囲は$-1<\nu<0.5$であり，多くの金属材料で$\nu=0.25$〜0.33程度である。また，ポアソン比は負値もとりうるが，$\nu<0$となる材料は報告されていない。

【演習問題 2.3】ねじり応力とねじり変形

図 2.3 に示すように，直径dの丸棒にねじりモーメントTが作用する場合を考える。両断面は平面のまま形を変えず相対的に回転すると仮定し，単位長さ当りの相対的回転角（比ねじれ角）をθとする。以下の問に答えよ。

（1）丸棒断面の中心から距離rの位置でのせん断ひずみγおよびせん断応力τを，回転角θを用いて表せ。

（2）断面のせん断応力τによるモーメントの総和はねじりモーメントTと等しくなることから，θとTとの関係を導け。

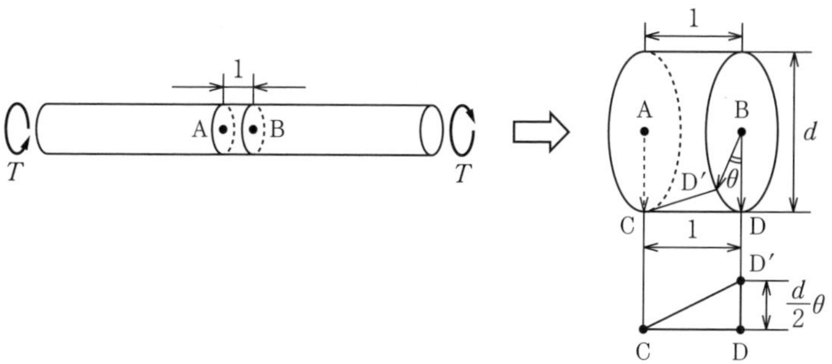

図 2.3

解説

（1）ねじりモーメント T によって断面内は $r\theta$ だけ円周方向に移動するため，図 2.3 右のように変形する。したがって，丸棒にはせん断ひずみが生じ

$$\gamma=\frac{r\theta}{1}=r\theta$$

フックの法則（せん断弾性係数を G とする）より

$$\tau=G\gamma=Gr\theta$$

このように，ねじりにより断面に生じるせん断応力とせん断ひずみは，中心からの距離に比例する。

（2）断面にはせん断応力が**図 2.4** のように生じるため，断面の中心から距離 r のリング状の微小面積 $dA=2\pi r dr$ 上に生じるせん断応力によるモーメントは $\tau dA\times r$ であり，平衡条件より

$$T=\int_A r\tau dA=\int_A r\,Gr\theta\,dA=G\theta\int_A r^2dA$$

$$=G\theta\int_0^{\frac{d}{2}} r^2\,2\pi r dr=G\theta\int_0^{\frac{d}{2}} 2\pi r^3 dr=\frac{\pi}{32}d^4G\theta=GI_p\theta$$

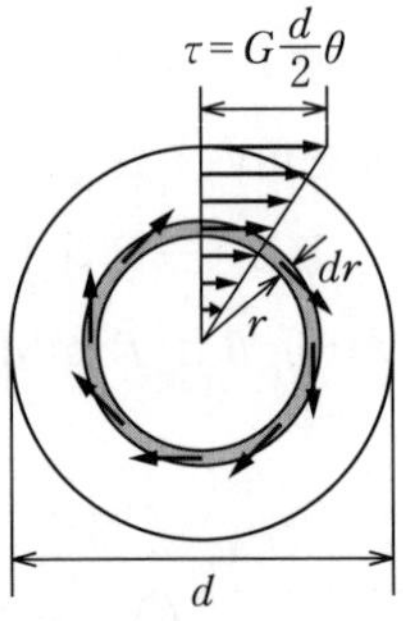

図 2.4

したがって

$$\theta=\frac{T}{GI_p}\quad\rightarrow\quad\tau=G\gamma=Gr\theta=\frac{T}{I_p}r$$

ここで，$I_p=\int_A r^2dA=(\pi/32)d^4$ は直径 d の円形断面の極断面２次モーメント

（演習問題 2.6 参照）である。棒の長さが l の場合，棒全体のねじれ角 φ は，つぎのようになる。

$$\varphi = \theta l = \frac{Tl}{GI_p}$$

【演習問題 2.4】 曲げ応力と曲げ変形

図 2.5 に示すように，曲げモーメント M が作用する直線棒の単位長さ当りの変形を考える。棒は変形後も断面は平面でかつ中心線に垂直であると仮定し，棒の変形後の中心線の単位長さ当りの回転角を θ，中心線の曲率半径を ρ，中心線から半径方向への距離を η とする。以下の問に答えよ。

（1）　断面に生じるひずみ ε，および応力 σ を θ を用いて表せ。

（2）　断面の応力 σ によるモーメントの総和は曲げモーメント M と等しくなることから，θ と M との関係，およびはりに生じる応力を導け。

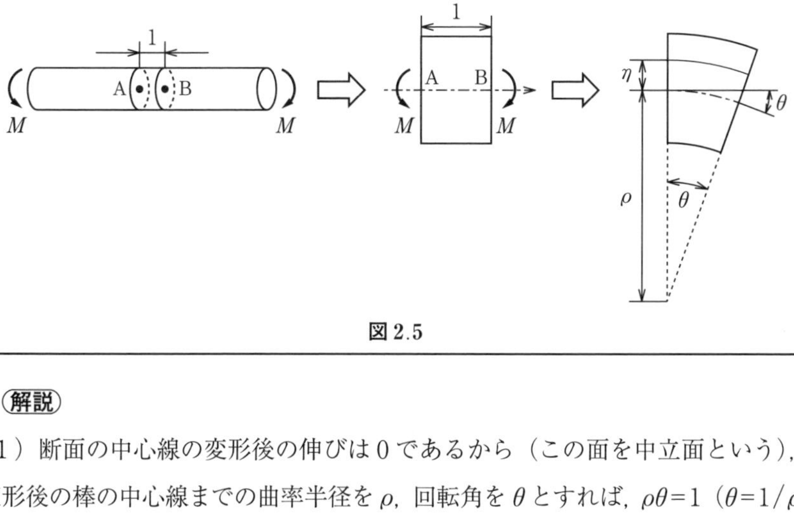

図 2.5

解説

（1）断面の中心線の変形後の伸びは 0 であるから（この面を中立面という），変形後の棒の中心線までの曲率半径を ρ，回転角を θ とすれば，$\rho\theta=1$（$\theta=1/\rho$）である。ひずみは中心からの距離に比例するので

$$\varepsilon = \frac{\eta}{\rho} = \eta\theta$$

フックの法則より（E はヤング率）

$$\sigma = E\varepsilon = E\eta\theta$$

（2）はりの断面の曲げモーメントによる応力は，**図 2.6** に示すように引張応力から圧縮応力まで直線的に変化する。中立面と横断面との交線を中立軸という。

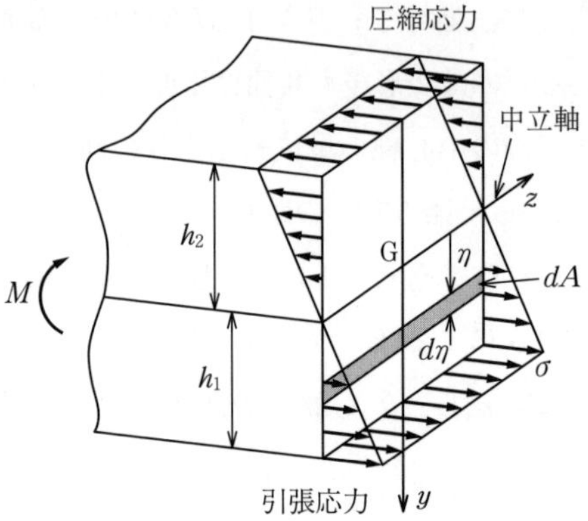

図 2.6

図の dA 上の応力を σ とすれば，中立軸に関するモーメントは σdA（力）$\times\eta$（距離）であり，平衡条件よりつぎのようになる。

$$M = \int_A \eta\sigma dA = \int_A \eta\, E\eta\theta\, dA$$

$$= E\theta\int_A \eta^2 dA = EI\theta$$

ここで，I は断面 2 次モーメント（演習問題 2.7 参照）と呼び，$I = \int_A \eta^2 dA$ で定義される量である。したがって，はりに生じる応力は

$$\theta = \frac{1}{\rho} = \frac{M}{EI} \quad \rightarrow \quad \sigma = E\varepsilon = E\eta\theta = \frac{M}{I}\eta$$

【演習問題 2.5】 はりのたわみの公式

はりに曲げモーメント M が作用し，**図 2.7**（a）のように変形するとき，たわみ y と曲げモーメント M の関係を求めよ。

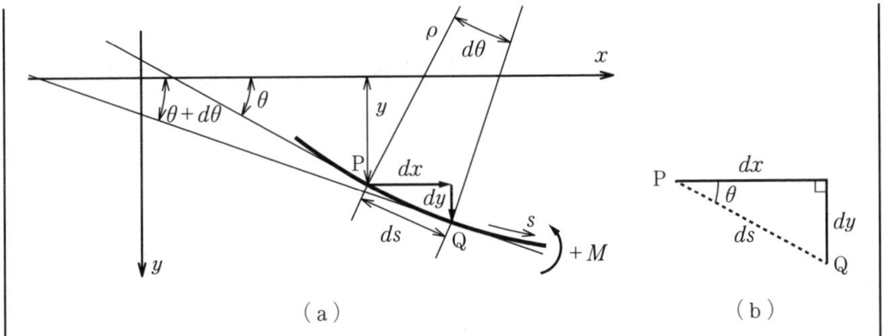

図 2.7

解説 図（a）において，たわみ曲線上に近接した 2 点 P，Q をとり，曲線に沿う長さ s を考え，その相対角を $d\theta$，長さを ds とする。たわみ曲線に沿って点 P から点 Q に進むとき，たわみ角は減少するので，$ds>0$，$d\theta<0$ である。したがって，$ds=-\rho d\theta$ であるから

$$\frac{1}{\rho}=\frac{(-d\theta)}{ds}=-\frac{d\theta}{dx}\frac{dx}{ds}$$

ここで，はりのたわみ（変形）y は小さいので，たわみ角 θ も小さい。点 P，Q のたわみの差を dy とすると，図（b）より $dy/dx\cong\theta$，$dx/ds\cong 1$ であるから

$$\frac{1}{\rho}=-\frac{d\theta}{dx}\frac{dx}{ds}\cong-\frac{d}{dx}\left(\frac{dy}{dx}\right)\times 1$$
$$=-\frac{d^2y}{dx^2}$$

一方，曲率半径 ρ と曲げモーメント M との関係は，演習問題 2.4 で示したように $1/\rho=M/EI$ であるから

$$\frac{d^2y}{dx^2}=-\frac{M}{EI}$$

上式を**たわみの微分方程式**といい，曲げモーメントが作用するはりの変形における基礎式である。

2.2 断面2次モーメントと極断面2次モーメント

【演習問題2.6】 I_p の導出

直径 d の円形断面の極断面2次モーメント，$I_p=\int_A r^2 dA$ を求めよ。

解説　極断面2次モーメント I_p は，ねじり問題に用いる断面パラメータである。**図2.8**のように，円形断面の中心からの距離を r とする。距離 r の位置にリング状の微小面積 dA を考えれば $dA=2\pi r dr$ であるので，I_p は

$$I_p=\int_A r^2 dA=\int_0^{d/2} r^2\,2\pi r dr=2\pi\left[\frac{r^4}{4}\right]_0^{d/2}=\frac{\pi d^4}{32}$$

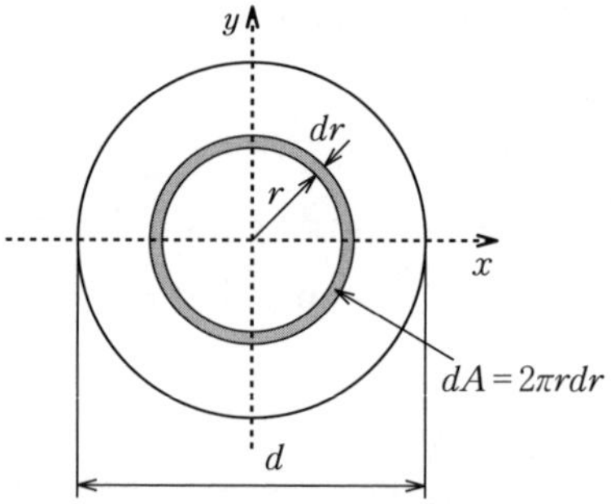

図2.8

【演習問題2.7】 円形断面の I

直径 d の円形断面の中立軸回りの断面2次モーメント，$I=\int_A y^2 dA$ を求めよ。

解説　断面2次モーメント I は曲げ問題に用いる断面パラメータである。**図2.9**のように，x 軸または y 軸に関する断面2次モーメントを $I=\int_A y^2 dA, I'=\int_A x^2 dA$ とすれば，極座標と直交座標の関係 $r^2=x^2+y^2$ より，極断面2次モーメント I_p は

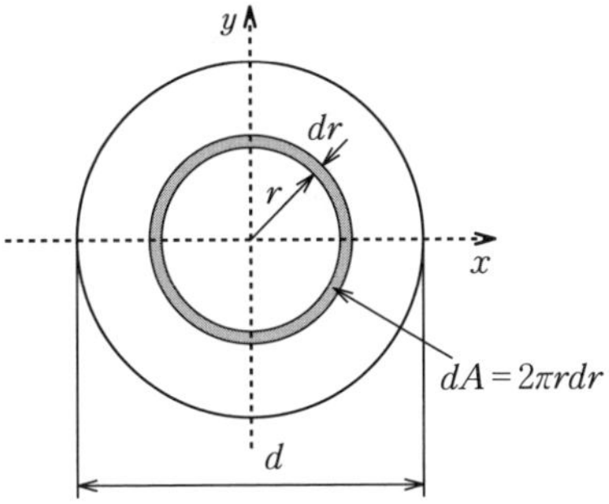

図 2.9

$$I_p=\int_A r^2 dA=\int_A (x^2+y^2)dA$$

$$=\int_A x^2 dA+\int_A y^2 dA=I+I'$$

となる。上式を**直交軸の定理**という。

なお円形断面では，$I=I'$ であるから次式となる。

$$I_p=2I \quad \rightarrow \quad I=\frac{I_p}{2}=\frac{\pi d^4}{64}$$

【演習問題 2.8】 長方形断面の *I*

図 2.10 の長方形断面（幅 b，高さ h）の中立軸回りの断面2次モーメント，$I=\int_A y^2 dA$ を求めよ。

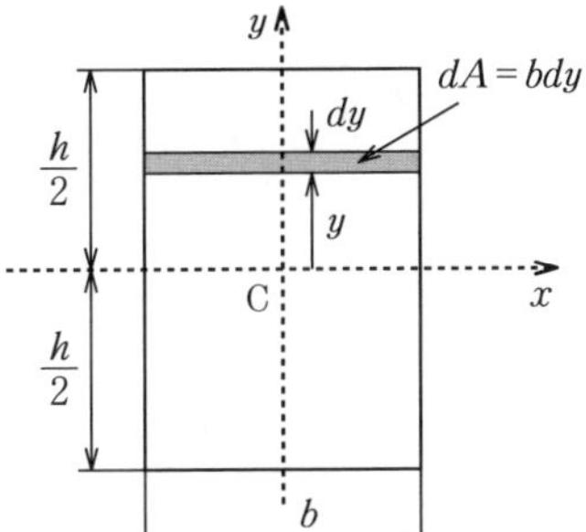

図 2.10

(解説)　図のように断面の図心Cを通る軸が中立軸であり，中立軸から距離 y の位置に微小面積 $dA=bdy$ をとる。断面2次モーメント I は

$$I=\int_A y^2 dA=\int_{-h/2}^{h/2} y^2 b dy=\left[\frac{by^3}{3}\right]_{-h/2}^{h/2}=\frac{bh^3}{12}$$

【演習問題 2.9】中立面から離れた位置にある長方形断面の I

図 2.11 の長方形断面（幅 b，高さ h）の図心 C を通る x 軸から距離 e だけ離れた x_1 軸に関する断面 2 次モーメント I_{x_1} を求めよ。

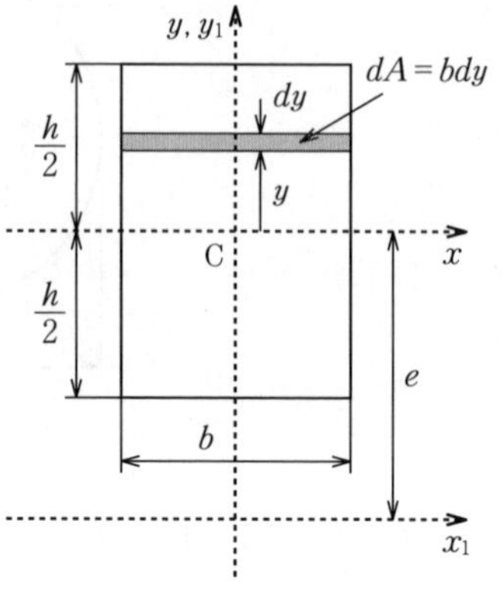

図 2.11

(解説)　図より，x_1 軸から見た y 座標は $y_1 = y + e$ である。したがって，x_1 軸に関する断面 2 次モーメントはつぎのように求められる。

$$I_{x_1} = \int_A {y_1}^2 dA = \int_{-h/2}^{h/2} (y+e)^2 bdy = \int_{-h/2}^{h/2} (y^2 + 2ey + e^2) bdy$$

$$= b\left[\frac{y^3}{3} + ey^2 + e^2 y\right]_{-h/2}^{h/2}$$

$$= \frac{bh^3}{12} + e^2 bh = I + e^2 A$$

ここで，$A = bh$ は長方形断面の面積である。

上の結果より，図心を通る軸から距離 e だけ離れた平行な軸に関する断面 2 次モーメント I_{x_1} は，図心を通る断面 2 次モーメント I より $e^2 A$ だけ大きくなる。これを断面 2 次モーメントの**平行軸の定理**という。

【演習問題 2.10】T 形断面の I

図 2.12 のような T 形断面があり，図心 C を通る軸を x 軸，断面の下面に沿う軸を x_1 軸とするとき，以下の問に答えよ。

（1）図心 C の位置 e_1 および e_2 を求めよ。

（2）x_1 軸に関する断面 2 次モーメント I_{x_1} を求めよ。

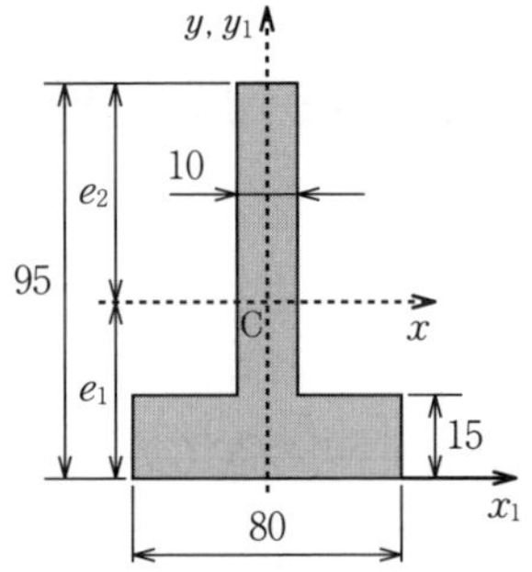

図 2.12

（3）x 軸に関する断面 2 次モーメント I を求めよ。

（解説）

（1）T 形断面の下面からの距離を y_1 とする。断面の x_1 軸から図心 C までの距離は，断面 1 次モーメントを考えることによって求めることができる。T 形断面の面積を A とすれば

$$e_1 A = \int_A y_1 dA = 80\int_0^{15} y_1 dy_1 + 10\int_{15}^{95} y_1 dy_1$$

$$= 80\left[\frac{y_1{}^2}{2}\right]_0^{15} + 10\left[\frac{y_1{}^2}{2}\right]_{15}^{95} = 53\,000\ \mathrm{mm}^3$$

ここで，$A = 2\,000\ \mathrm{mm}^2$ であるので，図心 C までの距離 e_1，e_2 は

$$e_1 = \frac{53\,000}{2\,000} = 26.5\ \mathrm{mm},\quad e_2 = 95 - e_1 = 68.5\ \mathrm{mm}$$

（2）x_1 軸に関する断面 2 次モーメント I_{x_1} はつぎのように計算される。

$$I_{x_1} = \int_A y_1{}^2 dA = 80\int_0^{15} y_1{}^2 dy_1 + 10\int_{15}^{95} y_1{}^2 dy_1$$

$$= 80\left[\frac{y_1{}^3}{3}\right]_0^{15} + 10\left[\frac{y_1{}^3}{3}\right]_{15}^{95} = 2\,936\,667\ \mathrm{mm}^4$$

（3）x 軸に関する断面 2 次モーメント I は，x 軸と x_1 軸が距離 e_1 だけ離れているので，平行軸の定理より

$$I = I_{x_1} - e_1{}^2 A = 2\,936\,667 - 26.5^2 \times 2\,000 = 1\,532\,167\ \mathrm{mm}^4$$

章　末　問　題

【2.1】

図 2.13 に示す断面の x 軸に関する断面 2 次モーメント I を求めよ。ただし，長方形断面において幅 b，高さ h，円の直径 d，$e=h/4$ とする。

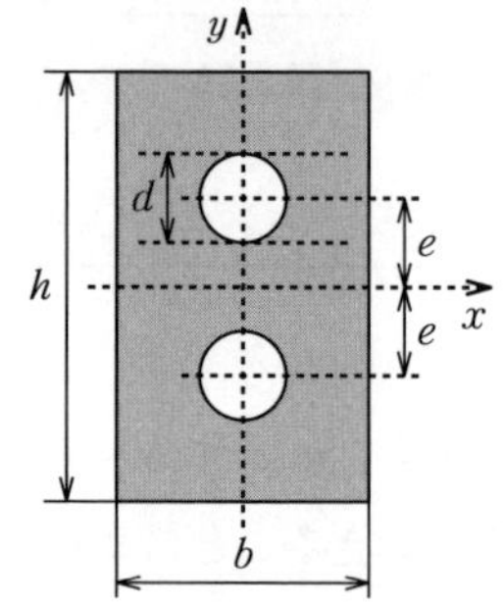

図 2.13

【2.2】

図 2.14 に示すような中実軸（直径 d，図（a））と中空軸（内径と外径の比 $d_1/d_2=0.5$，図（b））がある。両者の断面積は等しい（$A_2/A_1=1$）ものとして，以下の問に答えよ。

（1）中実軸と中空軸の外径の比 d_2/d はいくらか。

（2）両者の極断面 2 次モーメントの比 I_{p2}/I_{p1} はいくらか。

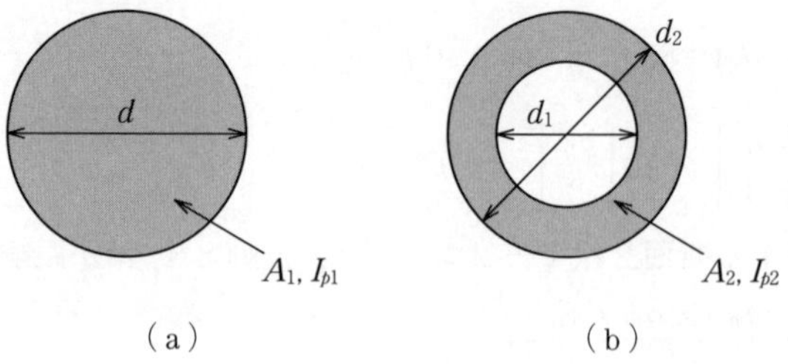

図 2.14

3

引張りと圧縮

引張りと圧縮を受ける部材は，「演習問題で学ぶ釣合いの力学」における 2 力物体に対応しており，最も基本となる荷重形式である。まずは引張りと圧縮の問題を解いて，力の釣合いのみで力が求まる静定問題と，変形条件を考えて力を求める必要のある，一般的な不静定問題を理解するとよい。

3.1　静定問題（力の釣合いのみで求められる問題）

【演習問題 3.1】静 定 問 題 1

図 3.1 のように，長さ $2a$，ヤング率 E，断面積 A の棒の点 B および点 C に軸力（軸方向荷重）P が負荷されているとき，以下の問に答えよ。

（1）AB 間の応力 σ_1 および BC 間の応力 σ_2 を求めよ。

（2）全体の伸び δ_C を求めよ。

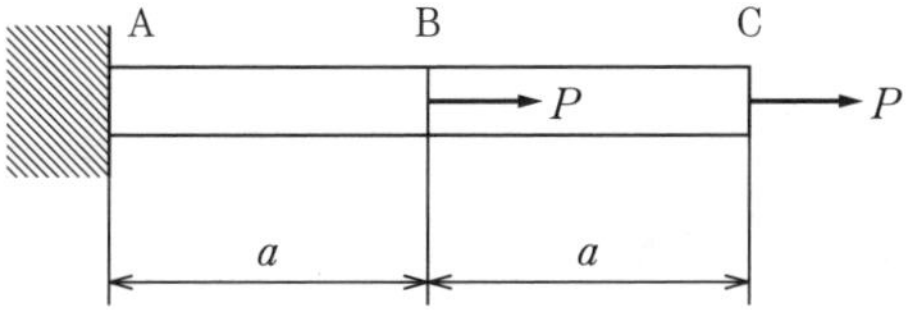

図 3.1

解説　棒を AB 間および BC 間でそれぞれ切断し，それらの自由体線図を描くと**図 3.2** のようになる。

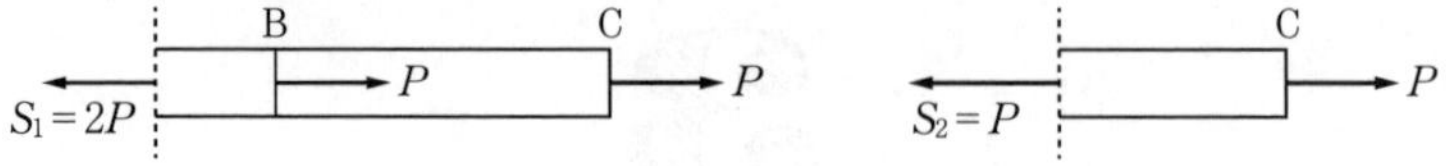

図 3.2

つまり，AB 間では $S_1=2P$，BC 間で $S_2=P$ の軸力が作用している。このとき，棒の各区間に作用している軸力 S と伸び δ は**図 3.3** のようになる。

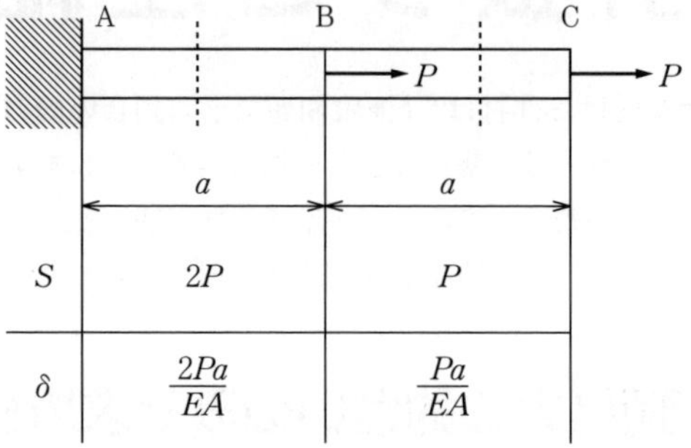

図 3.3

（1）AB 間の応力 σ_1 および BC 間の応力 σ_2 は，棒の断面積 A より

$$\sigma_1=\frac{2P}{A},\quad \sigma_2=\frac{P}{A}$$

（2）全体の伸び δ_C は

$$\delta_C=\frac{2Pa}{EA}+\frac{Pa}{EA}$$

$$=\frac{3Pa}{EA}$$

【演習問題 3.2】 静 定 問 題 2

図 3.4 のように剛体 ABC および剛体 DE がヤング率 E, 断面積 A の部材によって吊《つ》り下げられている。点 D から距離 x の点 F に，垂直方向に集中荷重 P が作用するとき，以下の問に答えよ。

（1）$x=a$ のとき，点 D，E，F の垂直方向変位 $\delta_D, \delta_E, \delta_F$ を求めよ。

（2）剛体 DE が水平となる x を求めよ。

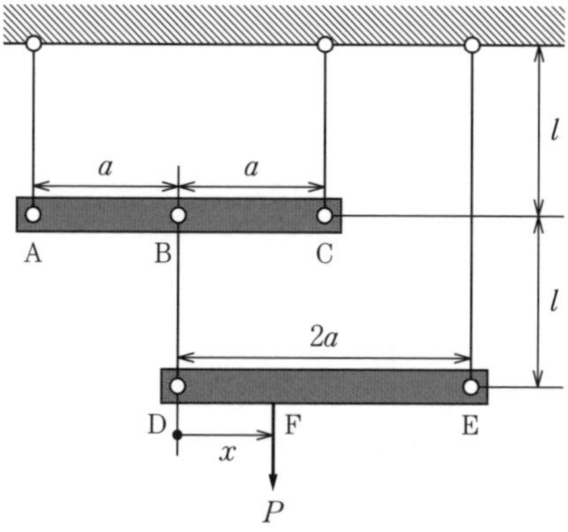

図 3.4

（解説）

（1）剛体 ABC および DE の自由体線図を描くと**図 3.5** のようになる。

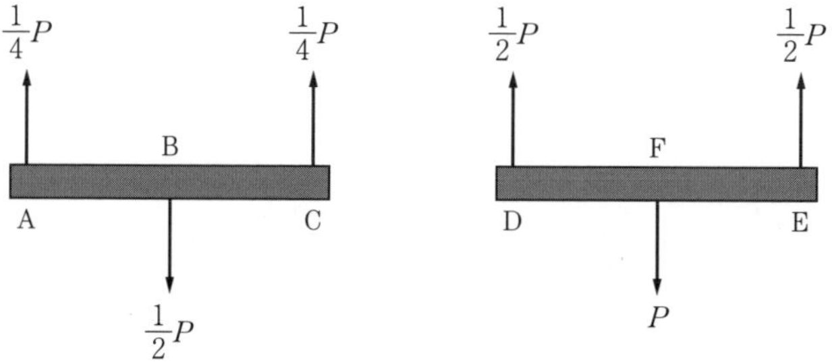

図 3.5

よって，δ_D および δ_E は以下のように表される。

$$\delta_D = \frac{(1/2)Pl}{EA} + \frac{(1/4)Pl}{EA}$$

$$= \frac{3Pl}{4EA}$$

$$\delta_E = \frac{(1/2)P \times 2l}{EA}$$

$$= \frac{Pl}{EA}$$

また，δ_F は δ_D と δ_E の平均値であるので

$$\delta_F = \frac{\delta_D + \delta_E}{2} = \frac{7Pl}{8EA}$$

（2）剛体 ABC および DE の自由体線図を描くと**図 3.6** のようになる。

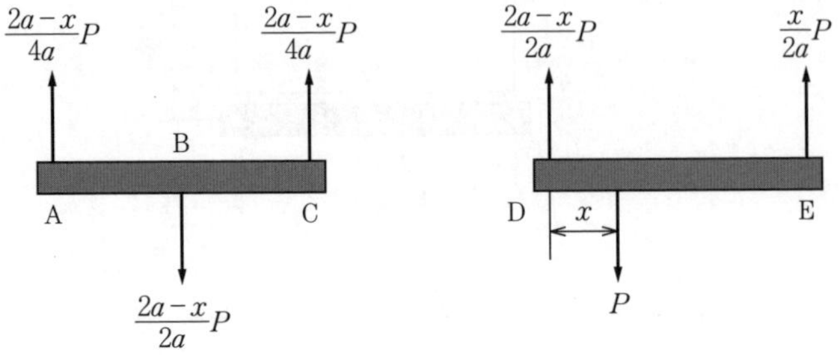

図 3.6

δ_D および δ_E は以下のように表される。

$$\delta_D = \frac{\dfrac{2a-x}{2a}Pl}{EA} + \frac{\dfrac{2a-x}{4a}Pl}{EA} = \frac{3(2a-x)Pl}{4aEA}$$

$$\delta_E = \frac{\dfrac{x}{2a}P \times 2l}{EA} = \frac{xPl}{aEA}$$

剛体 DE が水平となるためには $\delta_D = \delta_E$ となればよいので

$$\frac{3(2a-x)Pl}{4aEA} = \frac{xPl}{aEA}$$

$$\therefore x = \frac{6}{7}a$$

3.2　不静定問題（力の釣合いと変形の条件から求める問題）

【演習問題 3.3】 不 静 定 問 題 1

図 3.7 のように両端を剛体壁によって固定されている部材があり，点 B

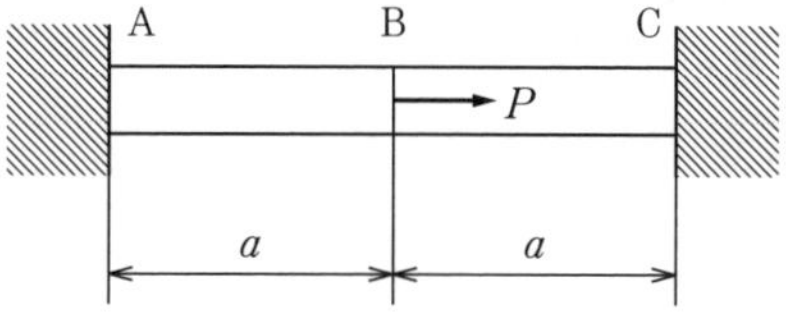

図 3.7

に軸力 P が負荷されている。このとき，点 A および点 C における，剛体壁から受ける反力 R_A, R_C を求めよ。

解説　本問は力の釣合いだけからは求まらない不静定問題である。実際の事例でもこのように不静定である場合が多いので，変形の条件を使って部材に作用する力を確定する。

部材の各区間に作用する軸力 S および伸び δ を表すと，**図 3.8** のようになる。また，両端を固定されているため，部材の全体の伸びは 0 となる。

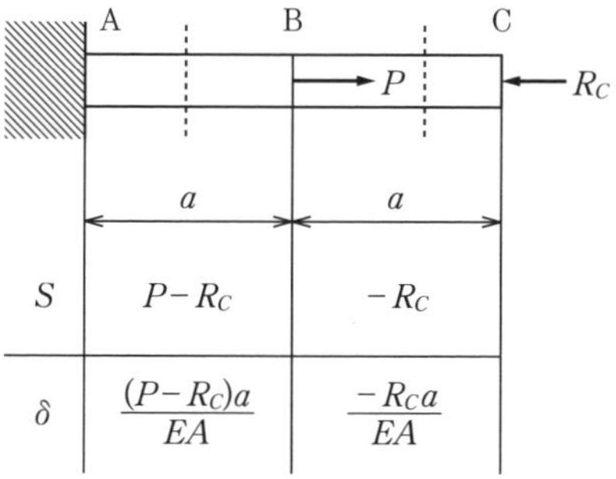

図 3.8

したがって

$$\frac{(P-R_C)a}{EA}+\frac{-R_C a}{EA}=0$$

$$\therefore R_C=\frac{1}{2}P$$

同様に考えると

$$R_A=\frac{1}{2}P$$

となる（**図 3.9**）。本問は両端固定の物体の中間に軸力 P を作用させても，実質的に作用するのは $P/2$（特に軸力 P の前方で圧縮力 $P/2$，後方で引張力 $P/2$）であることを理解する上で重要である。

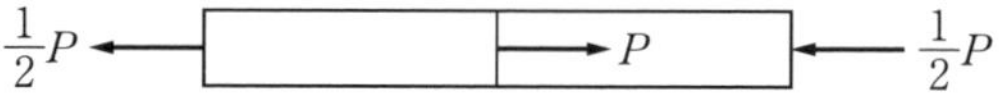

図 3.9

【演習問題 3.4】 不 静 定 問 題 2

図 3.10 に示すように，剛体 AD が 2 本の線材 BB′，CC′ で支えられている。点 A に垂直方向の荷重が与えられるとき，以下の問に答えよ。

（1） 線材 BB′ の張力 T_B および線材 CC′ の張力 T_C を求めよ。

（2） 線材 BB′，CC′ の伸び δ_B，δ_C を求めよ。ただし，線材の元の長さを l，断面積を A，ヤング率を E とし，剛体棒の重さは無視する。

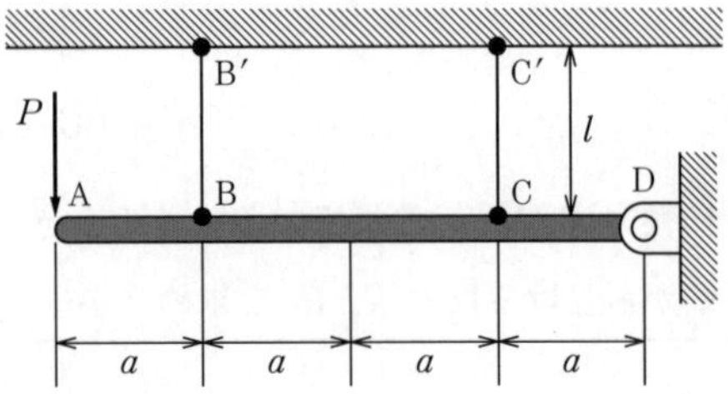

図 3.10

(解説)

（1） 荷重が作用すると，剛体 AD は以下の**図 3.11** のように傾く。

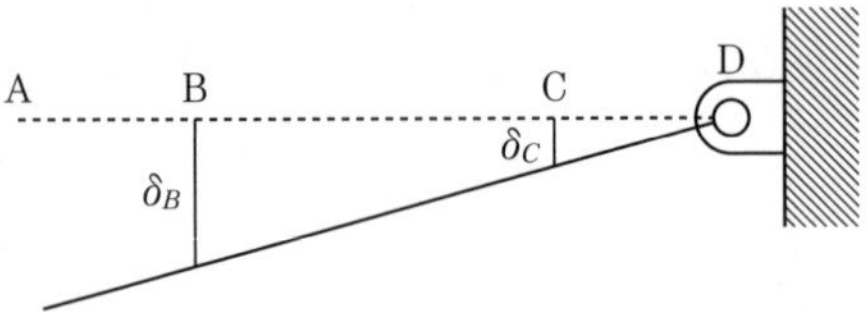

図 3.11

幾何学的条件から，δ_B と δ_C の関係は以下のようになる。

$$\delta_B = 3\delta_C$$

$$\frac{T_B l}{EA} = \frac{3T_C l}{EA}$$

$$\therefore\ T_B = 3T_C \tag{3.1}$$

点 D 回りのモーメントの釣合いは

$$P \times 4a - T_B \times 3a - T_C \times a = 0$$

$$\therefore\ 4P = 3T_B + T_C \tag{3.2}$$

式 (3.1)，(3.2) より

$$T_B = \frac{6}{5}P, \quad T_C = \frac{2}{5}P$$

（2）剛体 AD の自由体線図は，**図 3.12** のようになる。

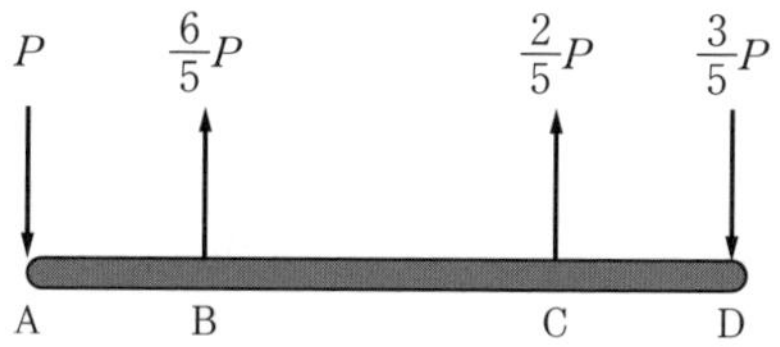

図 3.12

線材 BB′，CC′ は，それぞれ $6P/5$，$2P/5$ で引っ張られるので，各線材の伸び δ_B，δ_C は

$$\delta_B = \frac{\frac{6}{5}Pl}{EA} = \frac{6Pl}{5EA}$$

$$\delta_C = \frac{\frac{2}{5}Pl}{EA} = \frac{2Pl}{5EA}$$

【演習問題 3.5】熱　　応　　力

図 3.13 に示すように，長さ a の部材が剛体壁の間に無理なく取り付けられている。この状態から温度を T℃上昇させた場合，部材に生じる応力 σ を求めよ。ただし部材の断面積を A，ヤング率を E，線膨張係数を α とする。

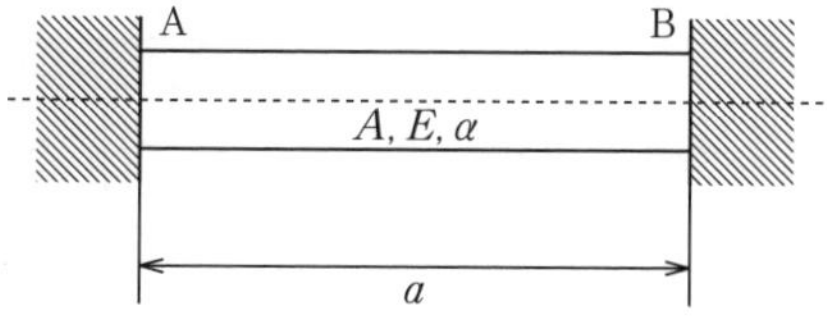

図 3.13

解説　部材の温度が上昇すると，点 B での拘束がなければ部材は自由膨張し，長さは $a(1+\alpha T)$ になるが，本問では点 B での拘束によって長さ a に戻さ

れる。

部材が伸びようとするが，両端を剛体壁で固定されているとき，部材には圧縮荷重が作用する。点Bから受ける反力を Q とすると，**図3.14**（a）のようになる。

（a）　　　　（b）

図3.14

このとき，$\alpha T \ll 1$ であるので，図（b）のように考えてよい。つまり，「温度上昇による部材の伸び = 圧縮荷重による部材の縮み」という条件を考慮して，Q を求めればよい。

よって

$$\alpha a T = \frac{Qa}{EA} \quad \rightarrow \quad Q = \alpha TEA$$

したがって，部材に生じる応力 σ は

$$\sigma = \frac{Q}{A} = \alpha TE$$

【演習問題3.6】不静定問題3

図3.15のように，二つの剛体板が3本の部材①〜③で固定されている。②のみ加工誤差によって δ だけ短い場合に，②を引っ張って剛体に固定した後，引張力を除いた。

部材①〜③に生じる応力 σ_1，σ_2，σ_3 を求めよ。ただし，各部材の断面積は A，ヤング率は E とする。また，剛体

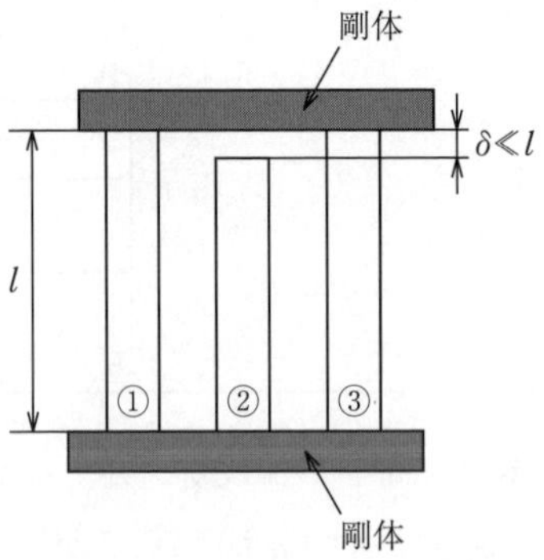

図3.15

の重さは無視できるものとする。

（解説）

対称性より①と③の部材力は等しいので，各部材に作用する荷重は**図 3.16**のように表される。

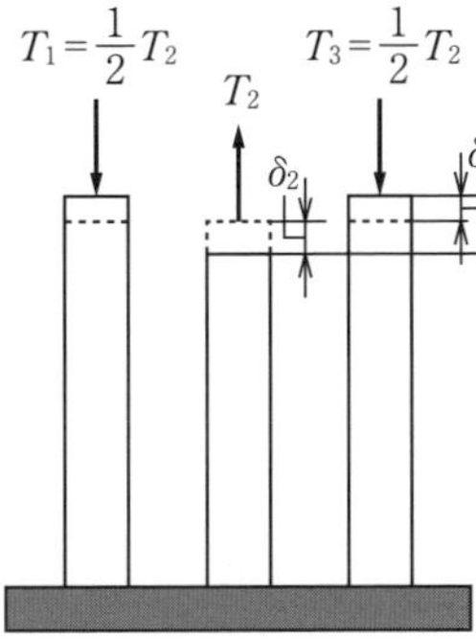

図 3.16

このような問題における変形の条件は，図 3.16 から

$$\delta=|\delta_1|+|\delta_2| \tag{3.3}$$

となる。すなわち，②の伸びと①，③の縮みを足したものが δ となる。伸びは正，縮みは負であるので式 (3.3) のように絶対値記号をつけて表現するのが誤りを防ぐ上で重要である。このとき

$$\delta=\frac{\frac{1}{2}T_2l}{EA}+\frac{T_2l}{EA}=\frac{3T_2l}{2EA}$$

よって

$$T_2=\frac{2EA\delta}{3l}$$

となるので，それぞれの部材の応力は

$$\sigma_2=\frac{2E\delta}{3l}$$

$$\sigma_1=\sigma_3=\frac{E\delta}{3l}$$

章末問題

【3.1】

図 3.17 に示すように，一方が固定された長さ $2a$ の丸棒の先端にばね定数 k のばねが取り付けられている。丸棒の中間 a の位置に軸力 P を負荷するとき，棒の伸び δ を求めよ。ただし，丸棒のヤング率を E，断面積を A とする。

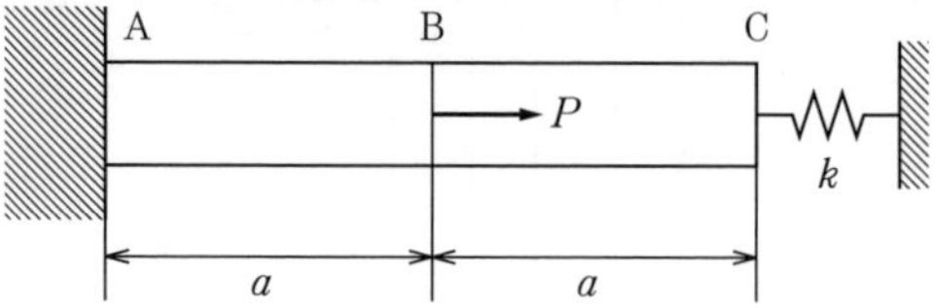

図 3.17

【3.2】

図 3.18 に示すような剛体棒 AE が，3 本の線材 BB′, CC′, DD′ によって水平位置を保っている。点 A, E に垂直方向の荷重 P，$2P$ が作用するとき，つぎの問に答えよ。ただし，線材の断面積を A，長さを L，ヤング率を E とし，剛体棒の重さは無視する。

（1）線材 BB′ の張力 T_B，線材 CC′ の張力 T_C，線材 DD′ の張力 T_D を求めよ。

（2）それぞれの線材の伸び $\delta_B, \delta_C, \delta_D$ を求めよ。

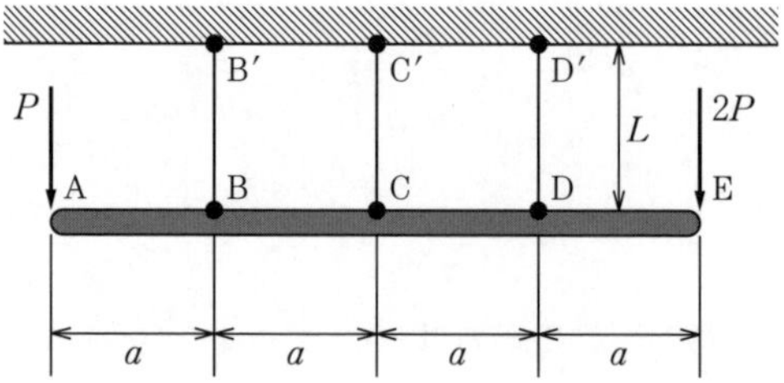

図 3.18

4

ね　じ　り

一般に，ねじりの問題は横断面でねじりモーメントのみを考えればよいので，横断面でせん断力と曲げモーメントの二つを考慮する必要のある曲げの問題ほど難しくはない。しかし苦手とする学生が多い理由は，せん断応力の理解が垂直応力に比して難しいことと関連する。例えば直線棒の引張りでは，垂直応力は断面上で均一であるが，丸棒のねじりではそれが中心からの距離 r に比例して生じる。また，注目面と垂直な面に同じ大きさのせん断応力が生じるなど，垂直応力と異なることも多い。この観点から【演習問題 4.1】をよく考えていただきたい。

4.1 静 定 問 題

【演習問題 4.1】丸棒断面に生じる応力

図 4.1 のように丸棒をねじりモーメント T によってねじるとき，丸棒表

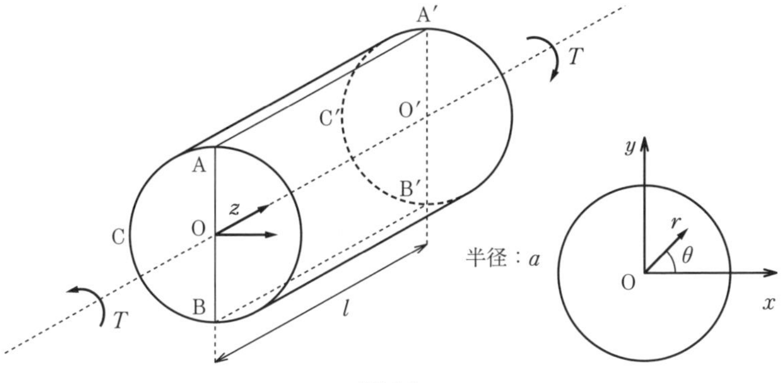

図 4.1

面に生じるせん断応力が τ_0 となるものとして，以下の問に答えよ。

（1）丸棒を縦半分に切ったもの，すなわち蒲鉾《かまぼこ》状部分 ABCA′B′C′ を考えるとき，面 ABB′A′ にはどのような応力が働いているか図示せよ。

（2）（1）の応力は，どのようなモーメントを生じるか。そのモーメント M の大きさを示せ。

（3）（2）のモーメントは，どのようなモーメントと釣合いを保っているか答えよ。

解説

（1）丸棒表面に τ_0 が生じるとき，z＝一定面にはせん断応力 $\tau_{z\theta}=\tau_0(r/a)$ が生じる。また，それと直交する面 ABB′A′ にもせん断応力 $\tau_{\theta z}=\tau_0(r/a)$ が生じる。それらを図示すると**図 4.2**（a）のようになる。

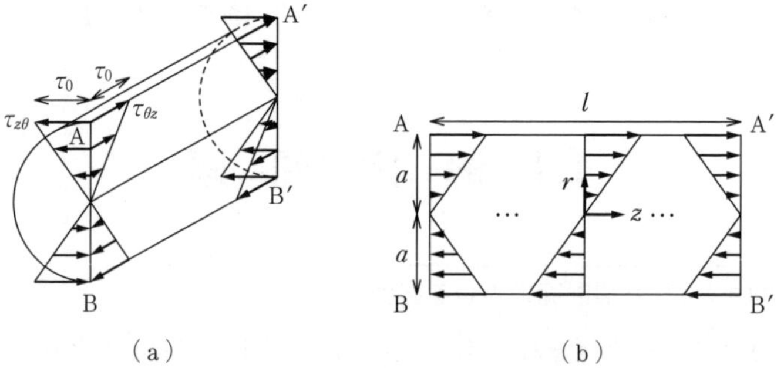

図 4.2

（2）図（b）より，ABB′A′ 間のモーメント M は

$$M=\tau_0\,al\frac{1}{2}\frac{2}{3}a\times 2=\frac{2}{3}\tau_0 a^2 l$$

z＝一定面に生じる y 方向の力 F_y は

$$F_y=\int_A \tau_{\theta z}\,dA\sin\theta=\int_0^a\int_0^\pi \tau_0\frac{r}{a}r\sin\theta\,dr\,d\theta=\int_0^\pi\frac{\tau_0}{a}\frac{a^3}{3}\sin\theta\,d\theta$$

$$=\frac{1}{3}\tau_0 a^2[-\cos\theta]_0^\pi=\frac{2}{3}\tau_0 a^2$$

よって

$$F_y l = \frac{2}{3}\tau_0 a^2 l = M$$

となる（**図 4.3**。なお，$F_x = \int_A \tau_{r\theta} dA \cos\theta = 0$）。

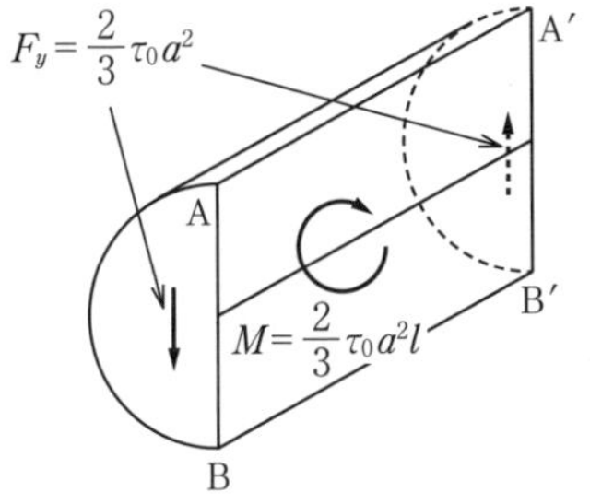

図 4.3

（3）面 ABB′A′ のモーメント $M = (2/3)\tau_0 a^2 l$ は，$z=0$ 面の $-y$ 方向の合力 F_y と $z=l$ 面の y 方向の合力 F_y によるモーメント，$M' = F_y l$ と釣合う。

【演習問題 4.2】 静　定　問　題　1

図 4.4 に示すような直径 d の片持丸棒（ねじり剛性 GI_p）の点 B, C にねじりモーメントが加えられている。このとき，以下の問に答えよ。

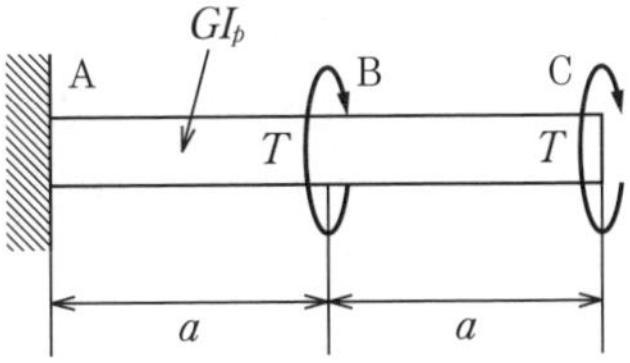

図 4.4

（1）点 A でのねじりモーメント T_A を求めよ。

（2）点 B, C におけるねじれ角 φ_B, φ_C を求めよ。

（3）AB 間，BC 間における最大せん断応力 $\tau_{AB\max}, \tau_{BC\max}$ を求めよ。

（解説）

（1）まず，**図 4.5** のように AB 間では内力としてねじりモーメント $2T$ が作用し，BC 間では内力としてねじりモーメント T が作用している，と理解することが重要である。

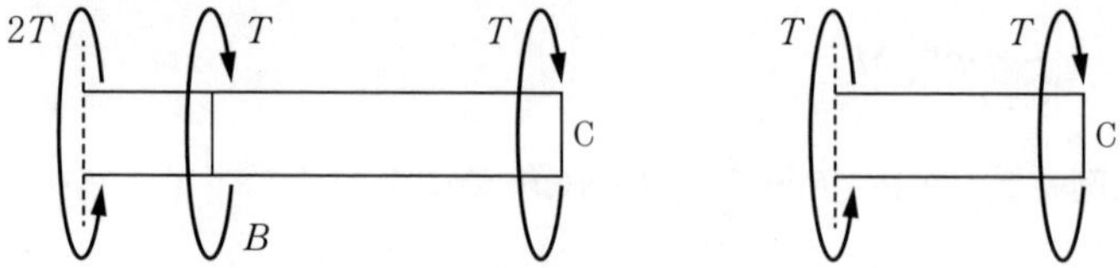

図 4.5

したがって，$T_A=2T$ となる。同様な引張りと圧縮の問題は，演習問題 3.1 で扱っている。

（2）各区間に生じるねじりモーメント T_i およびねじれ角 φ は**図 4.6** のように表される。

よって，点 B，C のねじれ角は

$$\varphi_B=\frac{2Ta}{GI_p}$$

$$\varphi_C=\varphi_B+\frac{Ta}{GI_p}=\frac{3Ta}{GI_p}$$

となる。

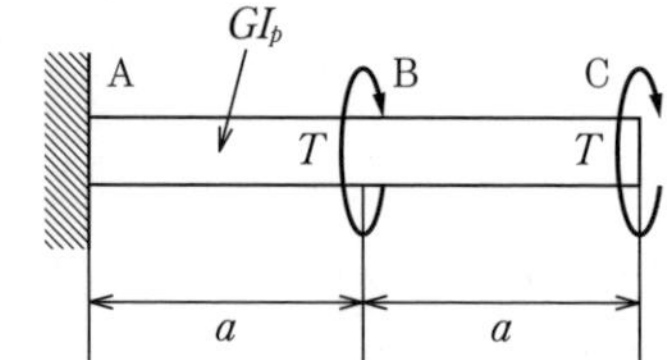

T_i	$2T$	T
φ	$\dfrac{2Ta}{GI_p}$	$\dfrac{Ta}{GI_p}$

図 4.6

（3）各区間での最大せん断応力は

$$\tau_{AB\max}=\frac{16\times 2T}{\pi d^3}=\frac{32T}{\pi d^3}$$

$$\tau_{BC\max}=\frac{16T}{\pi d^3}$$

となる。

【演習問題 4.3】静 定 問 題 2

図 4.7 に示すような，片側を壁に固定された段付き丸棒があり，ねじりモーメントが作用している。以下の問に答えよ。ただし，すべての部材のせん断弾性係数は G である。

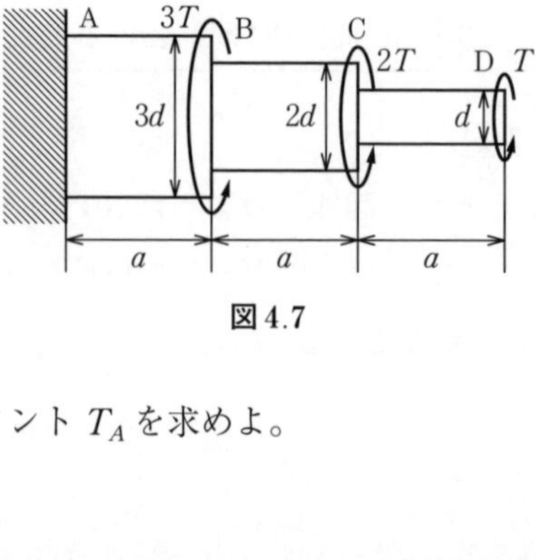

図 4.7

（1）固定端に生じる反ねじりモーメント T_A を求めよ。

（2）点 B, C, D のねじれ角 $\varphi_B, \varphi_C, \varphi_D$ を求めよ。

（3）AB 間，BC 間，CD 間における最大せん断応力 $\tau_{AB\max}, \tau_{BC\max}, \tau_{CD\max}$ を求めよ。

(解説)

（1）部材の各区間に生じるねじりモーメント T_i，およびねじれ角 φ は**図 4.8** のように表される。

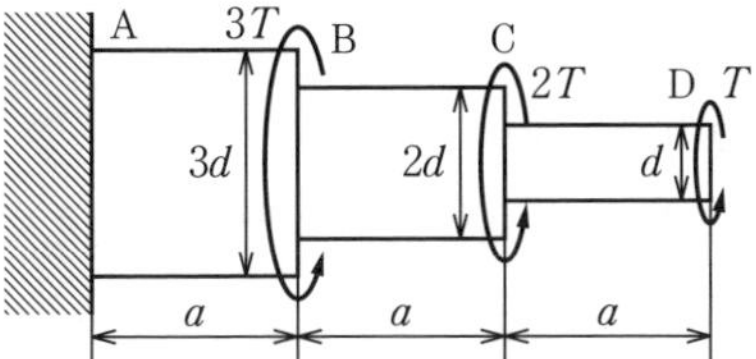

T_i	$6T$	$3T$	T
φ	$\dfrac{64Ta}{27G\pi d^4}$	$\dfrac{6Ta}{G\pi d^4}$	$\dfrac{32Ta}{G\pi d^4}$

図 4.8

図から，$T_A=6T$ となる。

（2）点 B, C, D のねじれ角 $\varphi_B, \varphi_C, \varphi_D$ は

$$\varphi_B=\frac{64Ta}{27G\pi d^4}$$

$$\varphi_C=\varphi_B+\frac{6Ta}{G\pi d^4}=\frac{226Ta}{27G\pi d^4}$$

$$\varphi_D=\varphi_C+\frac{32Ta}{G\pi d^4}=\frac{1\,090Ta}{27G\pi d^4}$$

（3）各区間での最大せん断応力 $\tau_{AB\max}$，$\tau_{BC\max}$，$\tau_{CD\max}$ は

$$\tau_{AB\max}=\frac{16\times 6T}{\pi(3d)^3}=\frac{32T}{9\pi d^3}$$

$$\tau_{BC\max}=\frac{16\times 3T}{\pi(2d)^3}=\frac{6T}{\pi d^3}$$

$$\tau_{CD\max} = \frac{16T}{\pi d^3}$$

となる。つまり，部材の根元部分（AB 間）と先端部分（CD 間）を比較すると，作用するねじりモーメントは根元部分のほうが 6 倍大きいにもかかわらず，部材に生じるせん断応力は先端のほうが大きくなることがわかる。

4.2 不静定問題

【演習問題 4.4】不静定問題 1

図 4.9 に示すように段付き丸棒を剛体壁に固定して点 C にねじりモーメント T を加えるとき，固定端に生じるねじりモーメント T_A，および T_B を求めよ。また，点 C のねじれ角 φ_C を求めよ。ただし，せん断弾性係数を G とする。

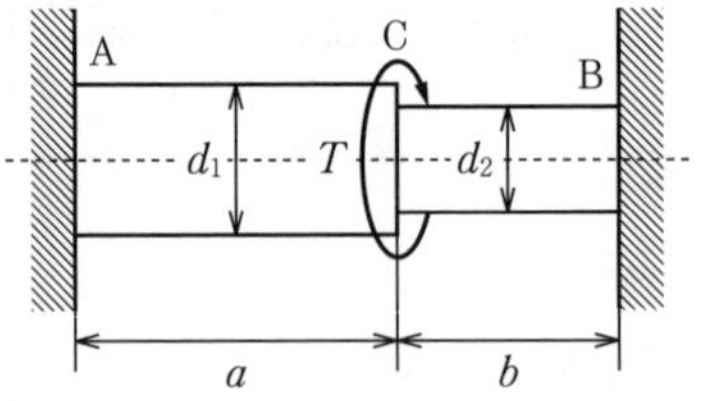

図 4.9

解説　本問では段付き丸棒を点 C で切断し，左右の部材のねじれ角を考慮する。すなわち**図 4.10** のようにモデル化する。

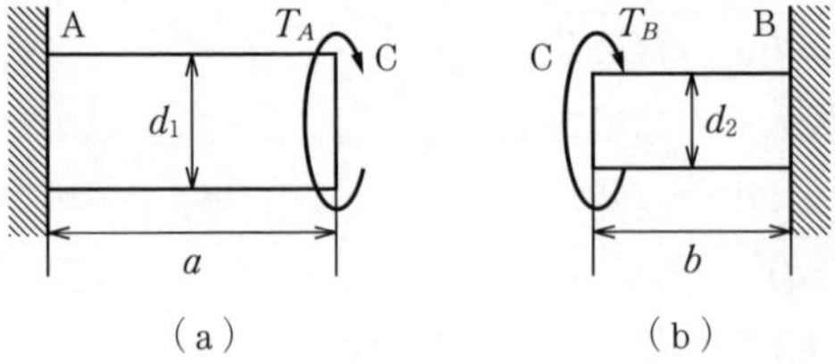

図 4.10

図（a）のねじれ角を φ_{C_1}，図（b）のねじれ角を φ_{C_2} とすると，以下の関係が成り立つ。

$$T = T_A + T_B$$

$$\varphi_{C_1} = \varphi_{C_2}$$

これらの関係より

$$\frac{32T_A a}{G\pi d_1^{\,4}} = \frac{32T_B b}{G\pi d_2^{\,4}}$$

$$T_A = \frac{bd_1^{\,4}}{ad_2^{\,4}}\,T_B \quad \rightarrow \quad T = T_A + T_B = \frac{bd_1^{\,4}}{ad_2^{\,4}}\,T_B + T_B$$

したがって，ねじりモーメント T_A，T_B は

$$T_A = \frac{bd_1^{\,4}}{ad_2^{\,4} + bd_1^{\,4}}\,T,\quad T_B = \frac{ad_2^{\,4}}{ad_2^{\,4} + bd_1^{\,4}}\,T$$

また，点 C でのねじれ角 φ_C は

$$\varphi_C = \frac{32a}{G\pi d_1^{\,4}} \times \frac{bd_1^{\,4}}{ad_2^{\,4} + bd_1^{\,4}}\,T = \frac{32ab}{G\pi(ad_2^{\,4} + bd_1^{\,4})}\,T$$

【演習問題 4.5】不 静 定 問 題 2

図 4.11 に示すように，外径 $2d$，内径 d の中空パイプと外径 $2d$ の中実丸棒が点 B で結合され，両端を剛体壁で固定されている。点 B にねじりモーメント T を作用させたときの点 B でのねじれ角 φ_B を求めよ。ただし，パイプと丸棒のせん断弾性係数はどちらも G とする。

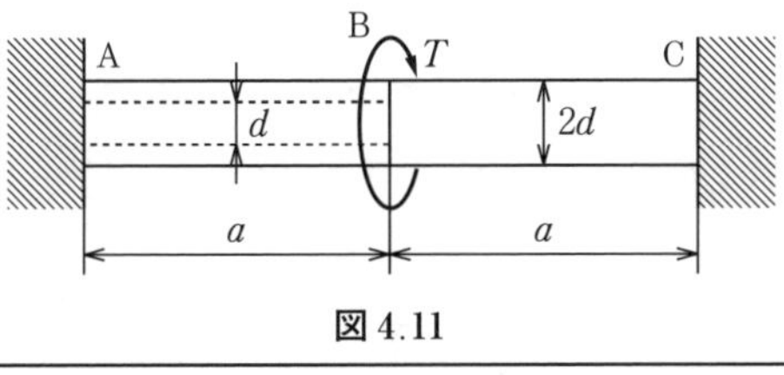

図 4.11

(解説)　この部材の各区間において作用するねじりモーメント T_i およびねじれ角 φ は，**図 4.12** のように表される。ただし，点 C に作用するねじりモーメントを T_C とする。

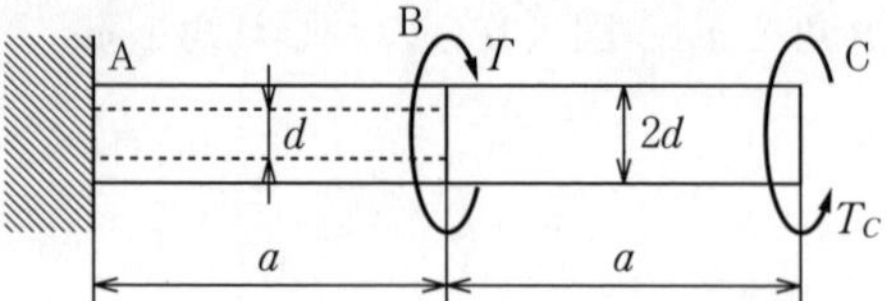

T_i	$T-T_C$	$-T_C$
φ	$\dfrac{32(T-T_C)a}{15G\pi d^4}$	$-\dfrac{2T_Ca}{G\pi d^4}$

図 4.12

AB，BC のねじれ角をそれぞれ φ_{AB}，φ_{BC} とすると，$\varphi_{AB}+\varphi_{BC}=0$ となるので

$$\frac{32(T-T_C)a}{15G\pi d^4}-\frac{2T_Ca}{G\pi d^4}=0 \quad \rightarrow \quad T_C=\frac{16}{31}T$$

よって，点 B でのねじれ角 φ_B は

$$\varphi_B=\frac{32a}{15G\pi d^4}\times\frac{15}{31}T=\frac{32Ta}{31G\pi d^4}$$

章　末　問　題

【4.1】

図 4.13 に示すような片側を壁に固定された段付き丸軸があり，点 A，B，C にねじりモーメント T，$2T$，$3T$ が作用している。以下の問に答えよ。ただし，すべての部材のせん断弾性係数を G とする。

（1）固定端 D に生じる反ねじりモーメント T_D を求めよ 。

（2）点 A, B, C のねじれ角 $\varphi_A, \varphi_B, \varphi_C$ を求めよ。

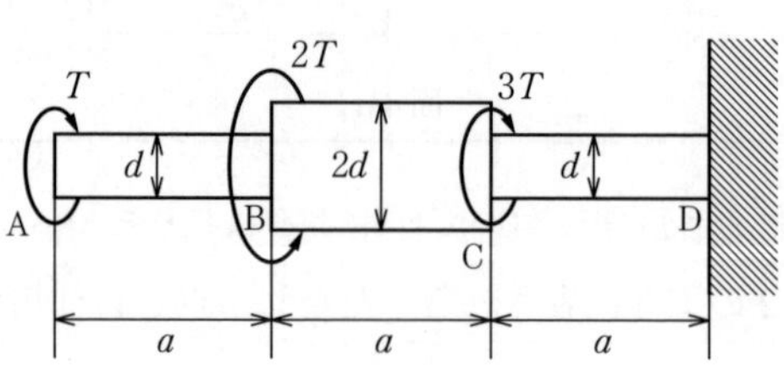

図 4.13

【4.2】

図 4.14 に示すような，両端を固定された段付き丸軸の点 B，C にねじりモーメント T_1, T_2 が作用している。以下の問に答えよ。

（1）固定端 A, D に生じる反ねじりモーメント T_A, T_D を求めよ 。

（2）点 B, C のねじれ角 φ_B, φ_C を求めよ。

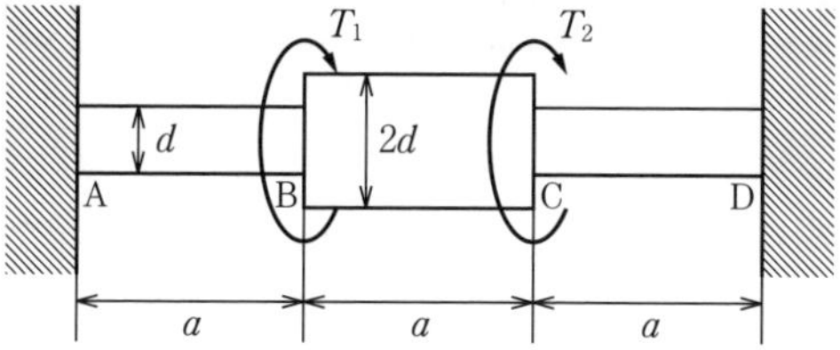

図 4.14

5

はりの曲げとたわみ

引張り・圧縮，ねじりに比べ，曲げによって生じる応力と変形は大きいため，強度設計の際には特に注意する必要がある。また，荷重や支持条件によってSFD，BMDが変化し，応力や変形も断面形状に依存するため，ほかの荷重形式に比べて検討すべきパラメータが多い。特に，断面形状（断面2次モーメント）が応力と変形に大きく影響するため，曲げに強い構造とはどのようなものか演習を通して考えてほしい。

5.1 曲げ応力

【演習問題5.1】はりに生じる曲げ応力1

図5.1に示すような構造において

（1）SFDとBMDを描け。

（2）以下の断面においてこのはりに生じる最大曲げ応力$\sigma_{\max}$を求めよ。

（a）幅b×高さhの長方形断面

（b）直径dの円形断面

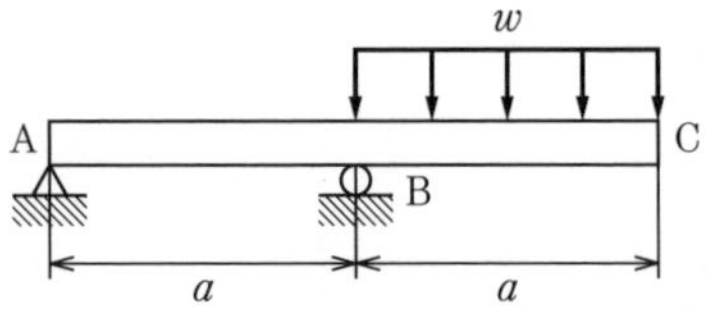

図5.1

(解説)

（1）1章と同様に部材ABCの自由体線図を描いた後，SFDとBMDを描くと**図5.2**のようになる。

（2）（a）　$b \times h$の長方形断面において断面2次モーメントIは

$$I=\frac{bh^3}{12}$$

である。（１）の BMD より最大曲げモーメントは $wa^2/2$ であるので，最大曲げ応力 $\sigma_{\max}$ は

$$\sigma_{\max}=\frac{\dfrac{wa^2}{2}\times\dfrac{h}{2}}{\dfrac{bh^3}{12}}=\frac{3wa^2}{bh^2}$$

（２）（ｂ）直径 d の円形断面において断面２次モーメント I は

$$I=\frac{\pi d^4}{64}$$

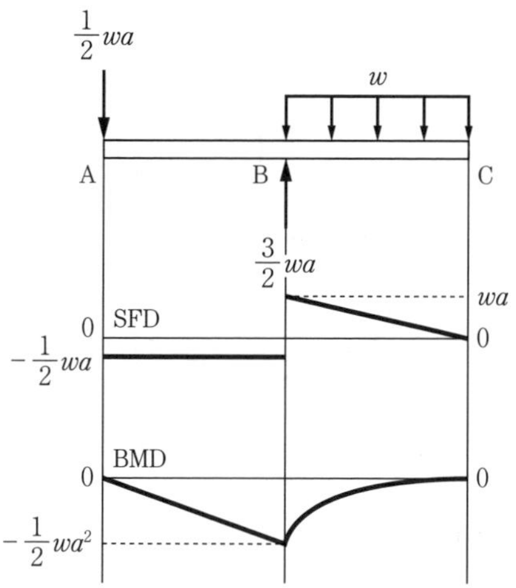

図 5.2

（１）の BMD より最大曲げモーメントは $wa^2/2$ であるので，最大曲げ応力 $\sigma_{\max}$ は

$$\sigma_{\max}=\frac{\dfrac{wa^2}{2}\times\dfrac{d}{2}}{\dfrac{\pi d^4}{64}}=\frac{16wa^2}{\pi d^3}$$

【演習問題 5.2】 はりに生じる曲げ応力２

図 5.3 に示すような T 形断面のはりにおいて以下の問に答えよ。

（１）SFD と BMD を描け。

（２）はりの断面の図心 $\bar{y}$ を求めよ。

（３）最大引張応力：最大圧縮応力が１：３となる t を求めよ。

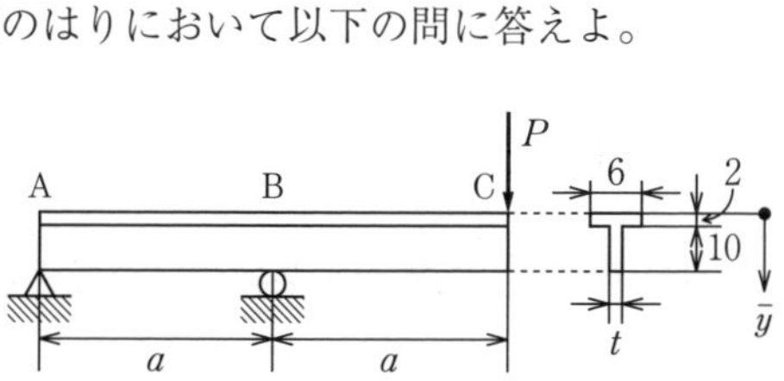

図 5.3

解説

（１）１章と同様に部材 ABC の自由体線図を描いたのち，SFD と BMD を描く

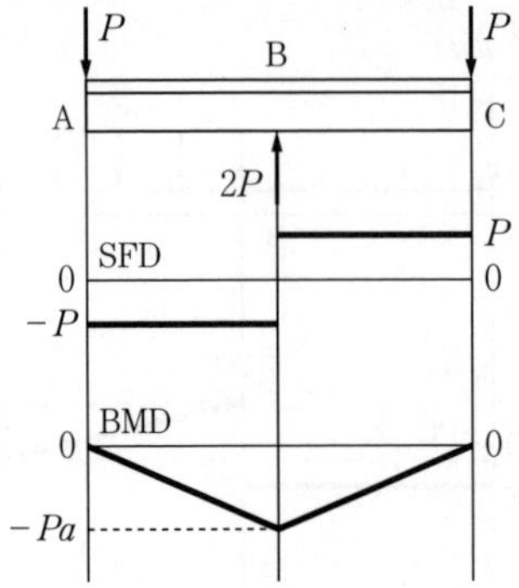

図 5.4

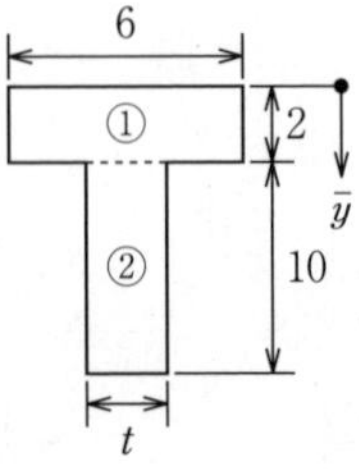

（a）

	A	$\bar{y}$	$A\bar{y}$
①	12	1	12
②	$10t$	7	$70t$
Σ	$10t+12$	—	$70t+12$

（b）

図 5.5

と**図 5.4** のようになる。

（2）断面を**図 5.5**（a）のように①と②の領域に区別すると，断面積，図心およびその積は図（b）のように表される。このとき，断面全体の図心 $\bar{y}$ は以下のように求められる。

$$\bar{y}=\frac{\sum A\bar{y}}{\sum A}$$

$$=\frac{70\,t+12}{10\,t+12}$$

（3）この問題では，はりの上面に引張応力，下面に圧縮応力が負荷される。最大引張応力：最大圧縮応力が 1：3 となるためには，図心から上面までの距離と下面までの距離が 1：3 となるようにすればよい。したがって t は

$$\bar{y}=\frac{70\,t+12}{10\,t+12}=12\times\frac{1}{4}\quad\rightarrow\quad t=0.6$$

【演習問題 5.3】丸棒から曲げ強度が最大となるように長方形断面の角材を切り出す

図 5.6 に示すように，直径 d の丸棒より $b\times h$ の断面の角材を切り出した。曲げモーメント M が水平軸回りに角材に作用するとき

（1）最大曲げ応力 $\sigma_{\max}$ を M, b, h で表せ。

（2）曲げ強度が最大となる b/h を求めよ。

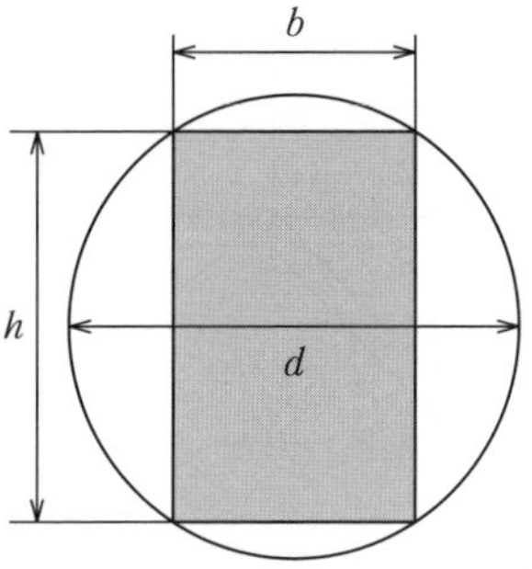

図 5.6

(解説)

（1）図の長方形断面に生じる最大曲げ応力 $\sigma_{\max}$ は

$$\sigma_{\max}=\frac{M}{I}e=\frac{M}{(bh^3/12)}\frac{h}{2}$$
$$=\frac{6M}{bh^2}\left(=\frac{M}{Z}\right)$$

（2）曲げ強度を最大にするには，Z（断面係数という）が最大となればよい。丸棒の直径 d と角材 b，h の関係は $d^2=b^2+h^2$ であるから

$$Z=\frac{bh^2}{6}=\frac{b(d^2-b^2)}{6}\quad\rightarrow\quad\frac{dZ}{db}=\frac{d^2-3b^2}{6}=\frac{(h^2+b^2)-3b^2}{6}=\frac{h^2-2b^2}{6}=0$$

したがって，曲げ強度が最大となる b/h は

$$h^2-2b^2=0\quad\rightarrow\quad\frac{b}{h}=\frac{1}{\sqrt{2}}$$

【演習問題 5.4】構造物に生じる曲げ応力 1

図 5.7 に示すような構造において

（1）部材 ABCD の SFD と BMD を描け。

（2）部材 CEF の SFD と BMD を描け。

（3）部材 ABCD の断面が $b\times h$ の長方形のとき，最大曲げ応力 $\sigma_{\max}$ を求めよ。

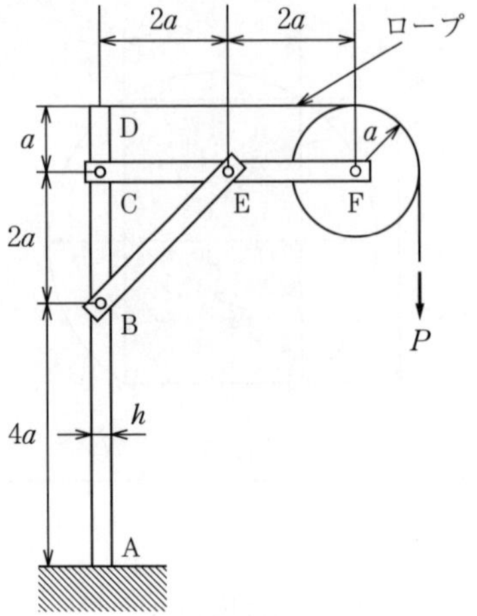

図 5.7

(解説)

（1）（2）1章と同様に部材 ABCD，CEF の自由体線図を描いたのち，SFD と BMD を描くと**図 5.8** のようになる。

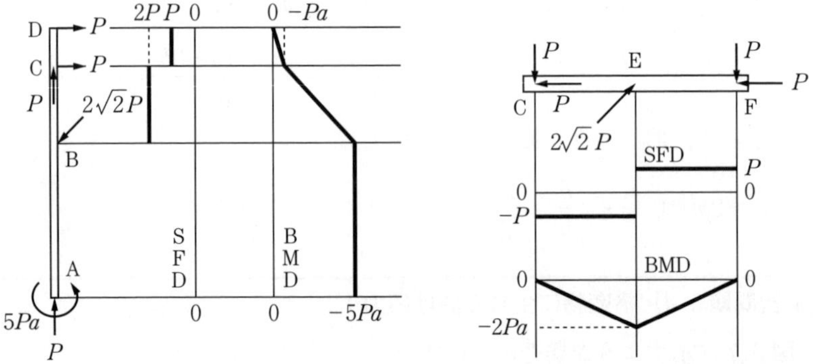

図 5.8

（3）ABCD の BMD より，最大曲げモーメントは $5Pa$ となる。また演習問題 2.4 では，曲げ応力 σ が次式となることを導いた。η は中心線からの距離である。

$$\sigma = \frac{M}{I}\eta$$

一般的な長方形断面では，断面２次モーメント I および図心から表面までの距離 $\bar{y}$ は

$$I=\frac{bh^3}{12},\quad \bar{y}=\frac{h}{2}$$

であるので，最大曲げ応力 $\sigma_{\max}$ は，$\eta=\bar{y}$ として

$$\sigma_{\max}=\frac{5Pa\times\dfrac{h}{2}}{\dfrac{bh^3}{12}}$$

$$=\frac{30Pa}{bh^2}$$

【演習問題 5.5】構造物に生じる曲げ応力２

図 5.9（a）に示すような構造において

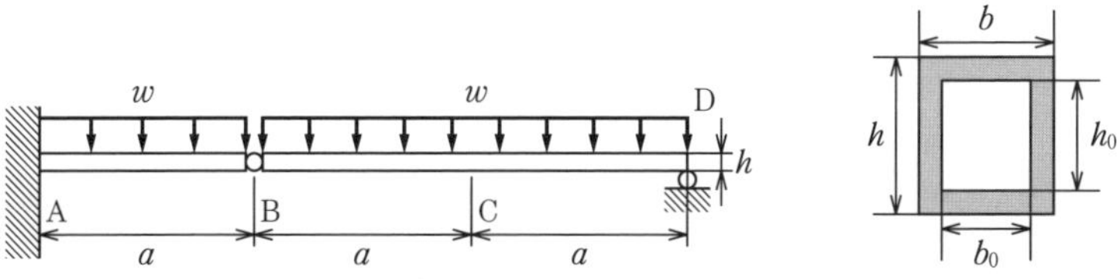

（a）　（b）

図 5.9

（１）SFD と BMD を示せ。

（２）はりの断面が図（b）のような箱形のとき，最大曲げ応力 $\sigma_{\max}$ を求めよ。

解説

（１）この構造の SFD と BMD は**図 5.10** のように表される。

（２）この断面における断面２次モーメント I は

$$I=\frac{bh^3}{12}-\frac{b_0h_0^{\,3}}{12}$$

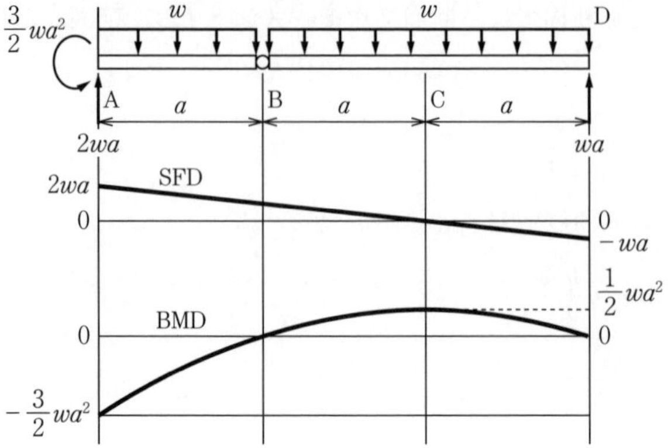

図 5.10

$$=\frac{bh^3-b_0h_0^{\,3}}{12}$$

であるので，この構造の最大曲げ応力 $\sigma_{\max}$ は

$$\sigma_{\max}=\frac{\dfrac{3}{2}wa^2\times\dfrac{h}{2}}{\dfrac{bh^3-b_0h_0^{\,3}}{12}}$$

$$=\frac{9wa^2h}{bh^3-b_0h_0^{\,3}}$$

【演習問題 5.6】偏心荷重によって生じる曲げ応力

図 5.11 に示すような角柱（断面積 A，断面係数 Z）の角部に集中荷重 P が負荷されているとき，以下の問に答えよ。

（1）点 A に生じる垂直応力 σ_A を求めよ。

（2）点 B に生じる垂直応力 σ_B を求めよ。

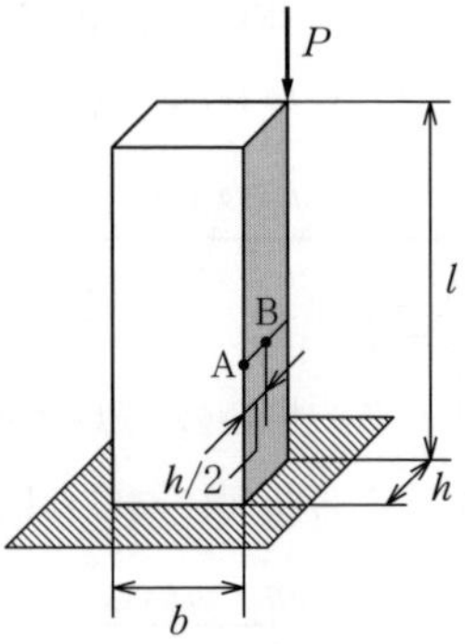

図 5.11

解説　**図 5.12**（a）において角の集中荷重 P が辺の中央にずれたと考えると，図（b）と同じになる。さらに P が角柱の中心にずれると，図（c）と同じになる。したがって，P による圧縮応力と，M_x, M_y による曲げ応力を考慮する必要がある。

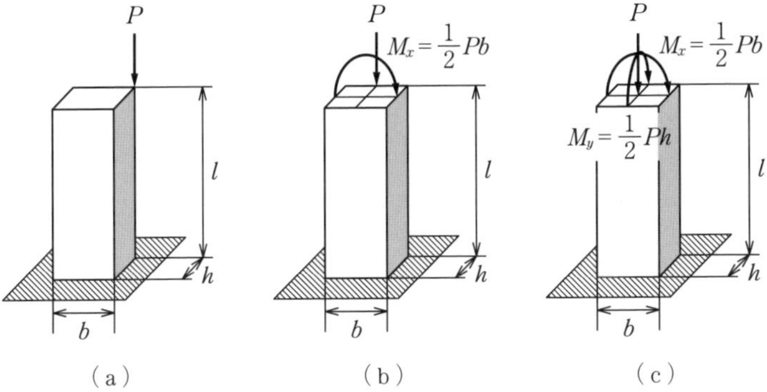

図 5.12

まず，図心に P が作用すると考えれば，それによる圧縮応力 σ_1 は

$$\sigma_1=\frac{P}{A}=\frac{P}{bh}$$

つぎに，曲げモーメント $M_x=(1/2)Pb$ により生じる圧縮応力 σ_2 は

$$\sigma_2=\frac{M_x}{\dfrac{hb^3}{12}}\times\frac{b}{2}$$

$$=\frac{3P}{hb}$$

そして，$M_y=(1/2)Ph$ により生じる圧縮応力 σ_3 は

$$\sigma_3=\frac{M_y}{\dfrac{bh^3}{12}}\times\frac{h}{2}$$

$$=\frac{3P}{bh}$$

（1）以上より，点 A に生じる垂直応力 σ_A は，図（c）の曲げによって応力が

生じることに注意して

$$\sigma_A = -\sigma_1 - \sigma_2 + \sigma_3$$
$$= -\frac{P}{bh} - \frac{3P}{hb} + \frac{3P}{bh}$$
$$= -\frac{P}{bh}$$

（2）点Bに生じる垂直応力 σ_B は，図（c）の曲げモーメント M_y による応力が0になることに注意して

$$\sigma_B = -\sigma_1 - \sigma_2$$
$$= -\frac{P}{bh} - \frac{3P}{hb}$$
$$= -\frac{4P}{bh}$$

5.2　はりのたわみ（静定問題）

【演習問題5.7】ミオソテスの方法

$d^2y/dx^2 = -M(x)/EI$（演習問題2.5）より，**表5.1**のミオソテスの方法（たわみとたわみ角の式）を求めよ。

表5.1

	点Aでのたわみ δ	点Aでのたわみ角 θ
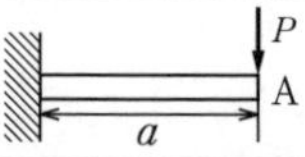	$\dfrac{Pa^3}{3EI}$	$\dfrac{Pa^2}{2EI}$
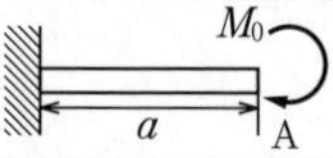	$\dfrac{M_0a^3}{2EI}$	$\dfrac{M_0a}{EI}$
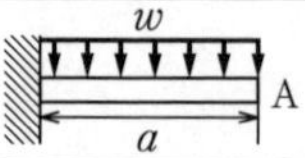	$\dfrac{wa^4}{8EI}$	$\dfrac{wa^3}{6EI}$

（解説）　演習問題2.5で導いたはりのたわみの微分方程式，$d^2y/dx^2 = -M(x)/EI$を利用する。

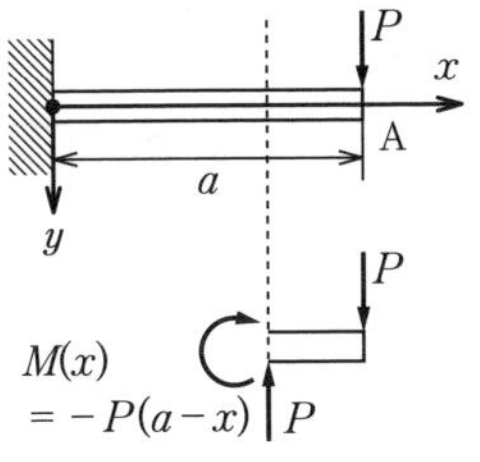

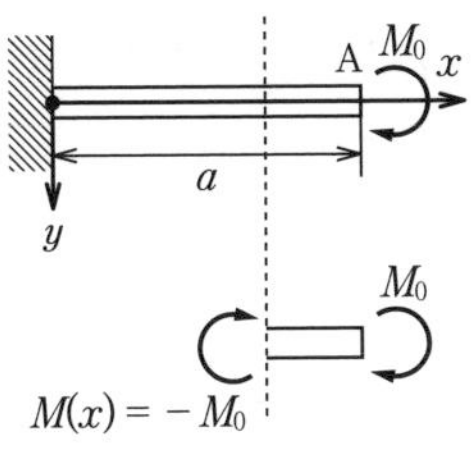

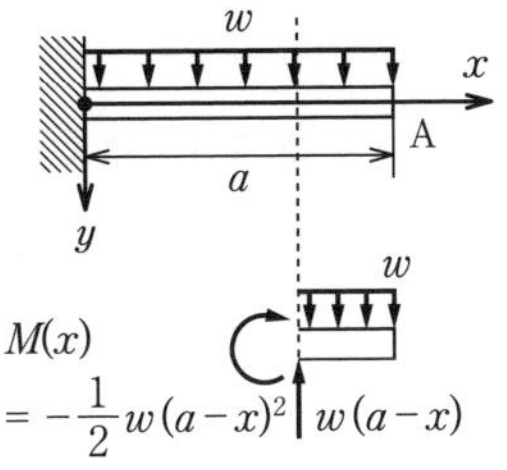

$$M(x) = -P(a-x)$$

$$M(x) = -M_0$$

$$M(x) = -\frac{1}{2}w(a-x)^2$$

となるので

$$\frac{d^2y}{dx^2} = \frac{P}{EI}(a-x)$$

$$\frac{d^2y}{dx^2} = \frac{M_0}{EI}$$

$$\frac{d^2y}{dx^2} = \frac{w}{2EI}(a-x)^2$$

x で積分して

$$\frac{dy}{dx} = -\frac{P}{2EI}(a-x)^2 + C_1$$

$$\frac{dy}{dx} = \frac{M_0 x}{EI} + C_1$$

$$\frac{dy}{dx} = -\frac{w}{6EI}(a-x)^3 + C_1$$

さらに x で積分して

$$y = \frac{P}{6EI}(a-x)^3 + C_1 x + C_2$$

$$y = \frac{M_0 x^2}{2EI} + C_1 x + C_2$$

$$y = \frac{w}{24EI}(a-x)^4 + C_1 x + C_2$$

$dy/dx = \theta$ ははりのたわみ角を示している。固定端でのたわみ角 $dy/dx|_{x=0} = 0$ となるので

$$\frac{dy}{dx}\Big|_{x=0} = 0 \text{ より } C_1 = \frac{Pa^2}{2EI}$$

$$\frac{dy}{dx}\Big|_{x=0} = 0 \text{ より } C_1 = 0$$

$$\frac{dy}{dx}\Big|_{x=0} = 0 \text{ より } C_1 = \frac{wa^3}{6EI}$$

よって，はり先端Aでのたわみ角 $\theta = dy/dx|_{x=a}$ は

$$\frac{dy}{dx}\Big|_{x=a} = \theta = \frac{Pa^2}{2EI}$$

$$\frac{dy}{dx}\Big|_{x=a} = \theta = \frac{M_0 a}{EI}$$

$$\frac{dy}{dx}\Big|_{x=a} = \theta = \frac{wa^3}{6EI}$$

また，固定端でのたわみは $y|_{x=0} = 0$ であるので

$$y|_{x=0} = 0 \text{ より } C_2 = -\frac{Pa^3}{6EI}$$

$$y|_{x=0} = 0 \text{ より } C_2 = 0$$

$$y|_{x=0} = 0 \text{ より } C_2 = -\frac{wa^4}{24EI}$$

よって，はり先端Aでのたわみ $\delta = y|_{x=a}$ は

$$\delta = y|_{x=a} = \frac{Pa^3}{3EI}$$

$$\delta = y|_{x=a} = \frac{Ma^2}{2EI}$$

$$\delta = y|_{x=a} = \frac{wa^4}{8EI}$$

【演習問題 5.8】 ミオソテスの方法の応用 1

（1）**図 5.13** のような片持はりにおいて，点 C でのたわみ δ_C を求めよ。ただし，曲げ剛性を EI とする。

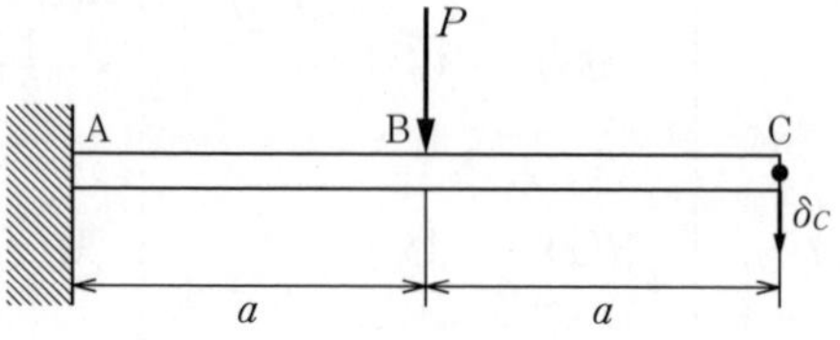

図 5.13

（2）**図 5.14** のような片持はりにおいて，点 B でのたわみ δ_B を求めよ。ただし，曲げ剛性を EI とする。

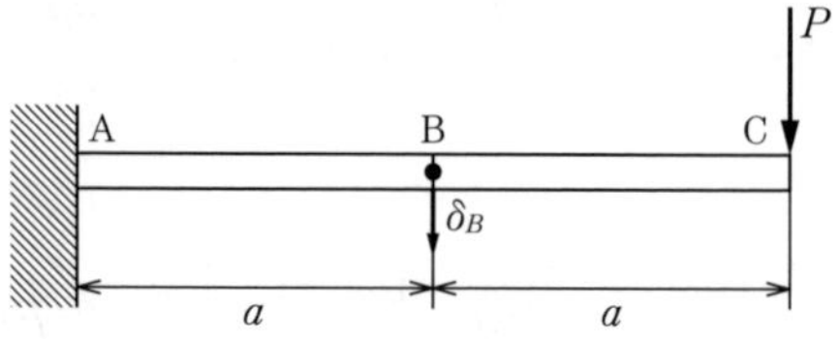

図 5.14

（解説）

（1）まず，点 B でのたわみ δ_B とたわみ角 θ_B を求めると

$$\delta_B = \frac{Pa^3}{3EI}, \quad \theta_B = \frac{Pa^2}{2EI}$$

加えて，図 5.13 の片持はりは，BC 間では力がかかっていないので変形しない。したがって，点 C でのたわみ δ_C は

$$\delta_C = \delta_B + \theta_B \times a$$

$$= \frac{Pa^3}{3EI} + \frac{Pa^3}{2EI}$$

$$= \frac{5Pa^3}{6EI}$$

（2）図 5.14 の片持はりを点 B で切断すると，**図 5.15** のようになる。

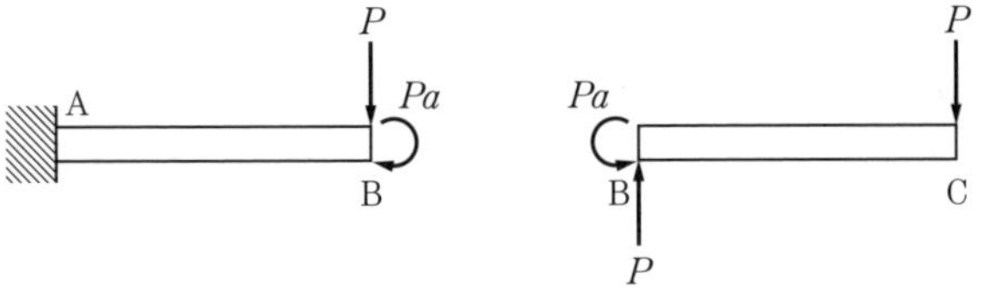

図 5.15

よって点 B でのたわみ δ_B は

$$\delta_B = \frac{Pa^3}{3EI} + \frac{Pa \times a^2}{2EI}$$
$$= \frac{5Pa^3}{6EI}$$

【演習問題 5.9】 ミオソテスの方法の応用 2

図 5.16 のような両端支持はりにおいて，点 B でのたわみ δ_B を求めよ。ただし，はりの曲げ剛性を EI とする。

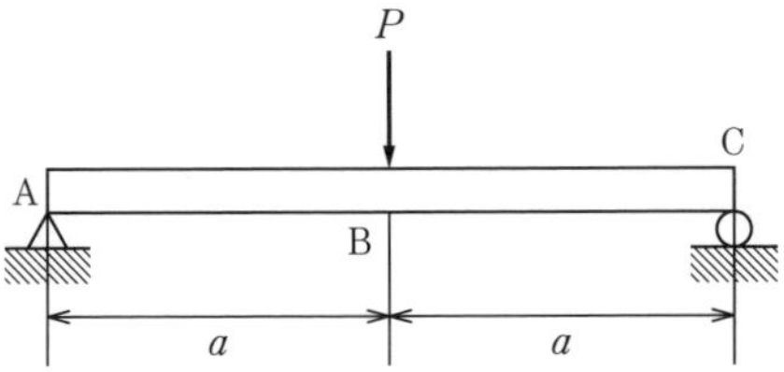

図 5.16

（解説） はりは点 B に関して対称であるので，点 B でのたわみ角は 0 である。よって，そのハーフモデルの変形は**図 5.17** の片持はりと同じである。

両端支持はりの点 B でのたわみは，このハーフモデルの点 A でのたわみと等しい。したがって

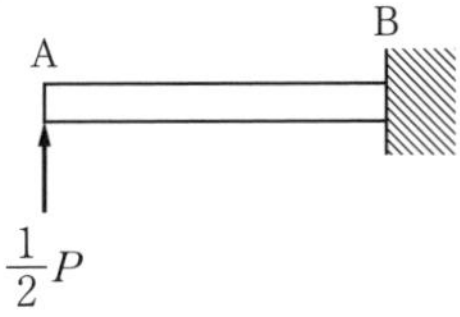

図 5.17

$$\delta_B = \frac{\frac{1}{2}Pa^3}{3EI}$$

$$=\frac{Pa^3}{6EI}$$

なお，**図 5.18** のような等分布荷重がかかっている場合は**図 5.19** のようなハーフモデルになり，中央部（点 B）でのたわみは

$$\delta_B=\frac{wa^4}{3EI}-\frac{wa^4}{8EI}$$
$$=\frac{5wa^4}{24EI}$$

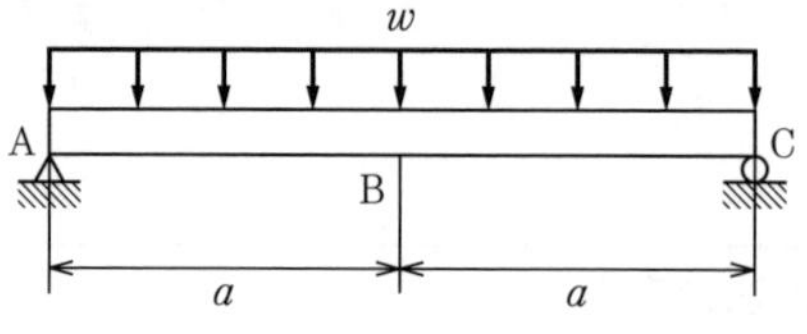

図 5.18

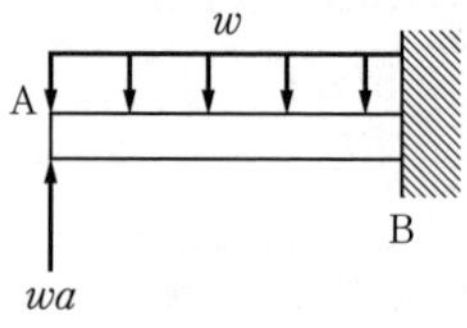

図 5.19

【演習問題 5.10】 ミオソテスの方法の応用 3

図 5.20 に示すようなはりが，先端の点 C において荷重 P を受ける。このときの点 C におけるたわみ δ_C を求めよ。はりの曲げ剛性は EI とする。

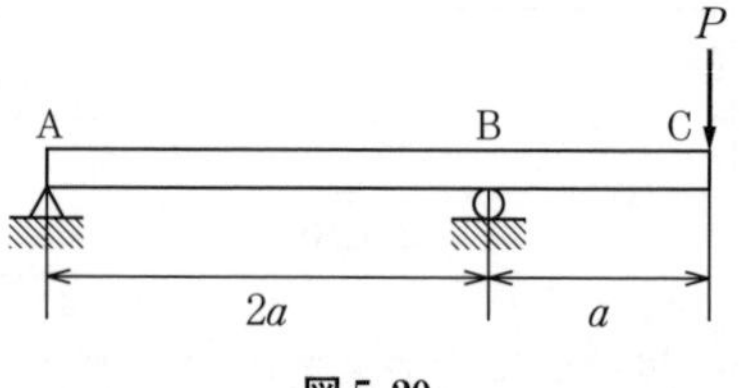

図 5.20

解説　ミオソテスの方法を使用するため，**図 5.21** のような二つの片持はりを考える。このモデルにより，AB，BC のたわみ δ_{AB}, δ_{BC} はそれぞれ

$$\delta_{AB}=\frac{\frac{1}{2}P\times(2a)^3}{3EI}=\frac{4Pa^3}{3EI},\quad \delta_{BC}=\frac{Pa^3}{3EI}$$

となる。実際には点 A のたわみ $\delta_A=0$ となるので，点 B を中心に $\varphi=\delta_{AB}/2a$ の時計回りの回転（剛体回転，**図 5.22**）を考えねばならない。

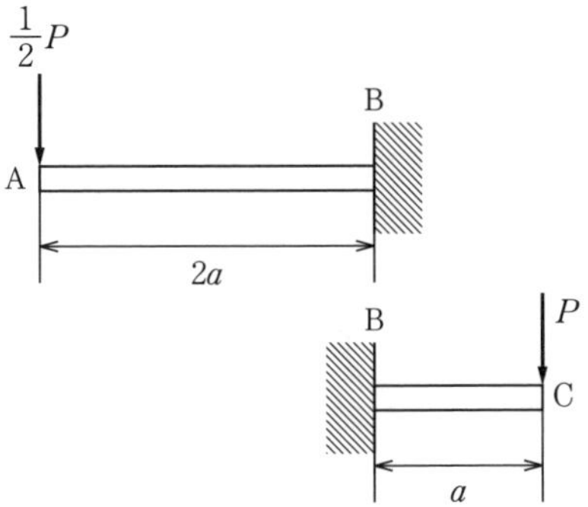

図 5.21

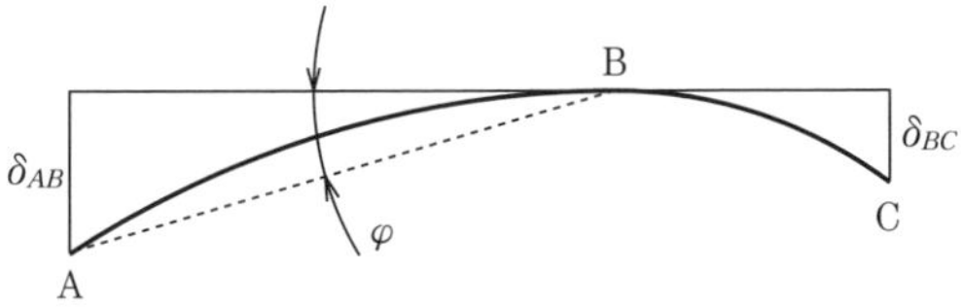

図 5.22

したがって，点 C でのたわみ δ_C は

$$\delta_C = \delta_{BC} + \varphi \times a$$

$$= \frac{Pa^3}{3EI} + \frac{2Pa^2}{3EI} \times a$$

$$= \frac{Pa^3}{EI}$$

【演習問題 5.11】 ミオソテスの方法の応用 4

図 5.23 に示すようなピンを含むはりが，CD 間に等分布荷重 w を受ける。以下の問に答えよ。はりの曲げ剛性は EI とする。

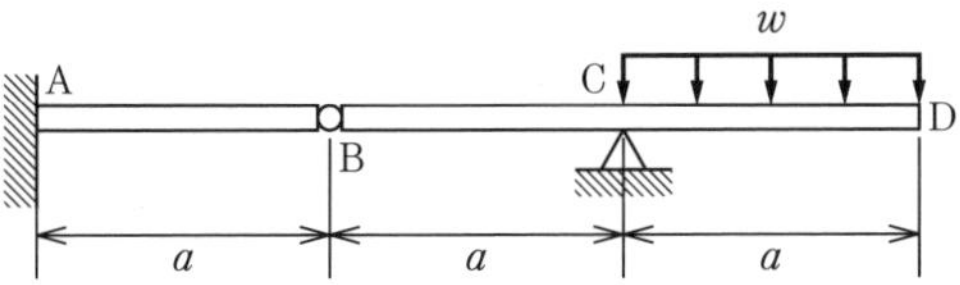

図 5.23

（1）ABCD の SFD，BMD を描け。

（2）点 B でのたわみ $\delta_{B\uparrow}$ を求めよ。

（3）点 D でのたわみ $\delta_{D\downarrow}$ を求めよ。

解説

（1）BCD の自由体線図を描くと，**図 5.24** のようになる。したがって，ABCD の SFD と BMD は**図 5.25** のように描ける。

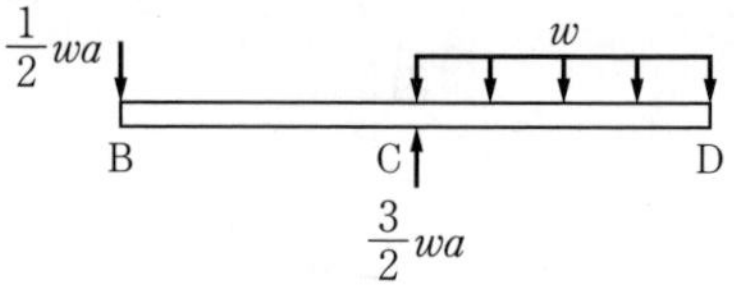

図 5.24

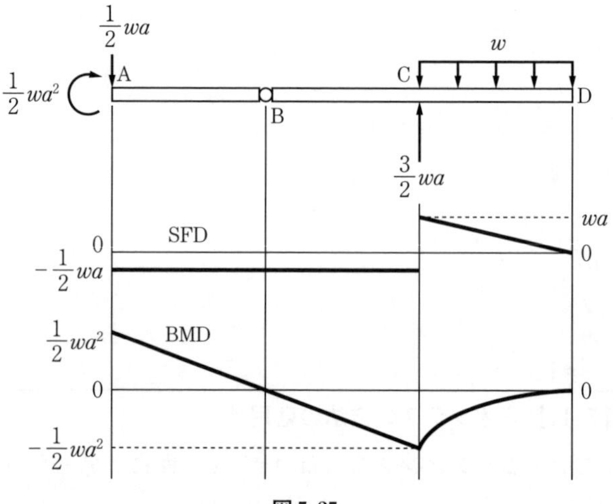

図 5.25

（2）点 B でのたわみ $\delta_{B\uparrow}$ は，**図 5.26** の片持はりを考えて

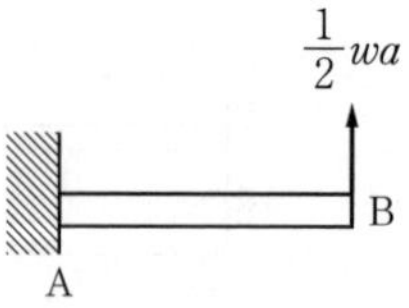

図 5.26

$$\delta_{B\uparrow} = \frac{\frac{1}{2}wa^3 \times a}{3EI} = \frac{wa^4}{6EI}$$

（3）点Dでのたわみ $\delta_{D\downarrow}$ について，ミオソテスの方法を使用するため，**図 5.27** の二つの片持はりモデルを考える。

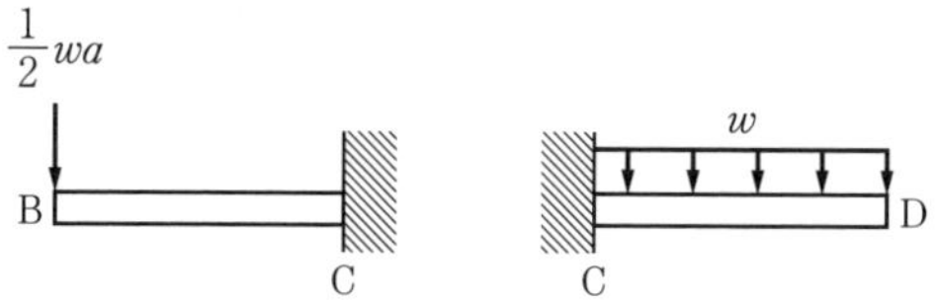

図 5.27

これらのモデルにより，BC，CD のたわみ $\delta_{BC\downarrow}, \delta_{CD\downarrow}$ はそれぞれ

$$\delta_{BC\downarrow}=\frac{\frac{1}{2}wa^4}{3EI}=\frac{wa^4}{6EI},\quad \delta_{CD\downarrow}=\frac{wa^4}{8EI}$$

である（**図 5.28**）。BC の片持はりモデルでは下向きの変位が生じているが，（2）で求めたように，実際には上向きの変位が生じているので，はり BCD において点 C を中心に $\varphi=(\delta_{B\uparrow}+\delta_{BC\downarrow})/a$ の時計回りの回転（剛体回転）を考える。

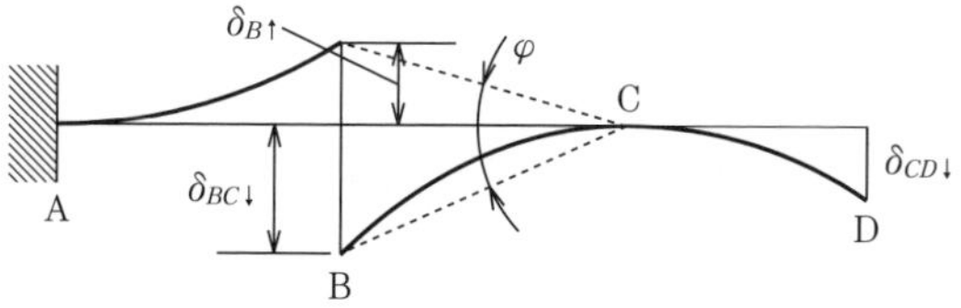

図 5.28

$$\varphi=\frac{\delta_{B\uparrow}+\delta_{BC\downarrow}}{a}=\frac{\frac{wa^4}{6EI}+\frac{wa^4}{6EI}}{a}=\frac{wa^3}{3EI}$$

したがって，点 D でのたわみ $\delta_{D\downarrow}$ は

$$\begin{aligned}\delta_{D\downarrow}&=\varphi\times a+\frac{wa^4}{8EI}\\&=\frac{wa^3}{3EI}\times a+\frac{wa^4}{8EI}\\&=\frac{11wa^4}{24EI}\end{aligned}$$

となる。

【演習問題 5.12】 L 形はりのたわみ 1

図 5.29 に示す L 形構造（曲げ剛性 EI）において，以下の問に答えよ。ただし，点 C の直角は変形後も保たれるものとする。

（1）点 B での垂直方向変位 $\delta_{By\downarrow}$ を求めよ。

（2）点 D での垂直方向変位 $\delta_{Dy\downarrow}$ を求めよ。

（3）点 D での水平方向変位 $\delta_{Dx\leftarrow}$ を求めよ。

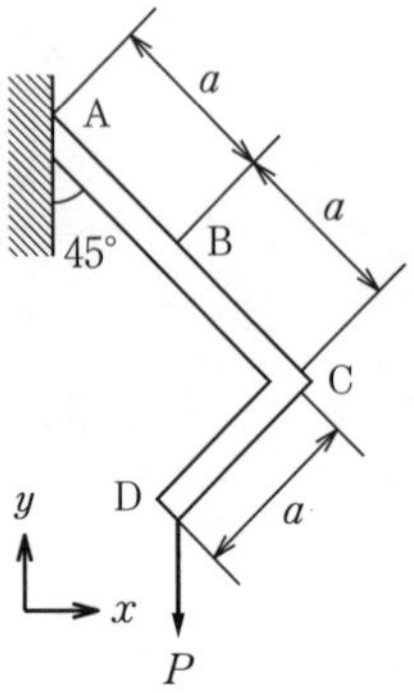

図 5.29

解説

（1）与えられた構造を点 B で切断して，AB の片持はりと BCD の L 形はりとみなす。さらに，L 形はりを 2 本の片持はりに分割する。つまり本構造は 3 本の片持はりとしてモデル化できる（**図 5.30**）。

AB の片持はりに注目すると，たわみは**図 5.31** のように斜め 45° 方向の δ_{AB}

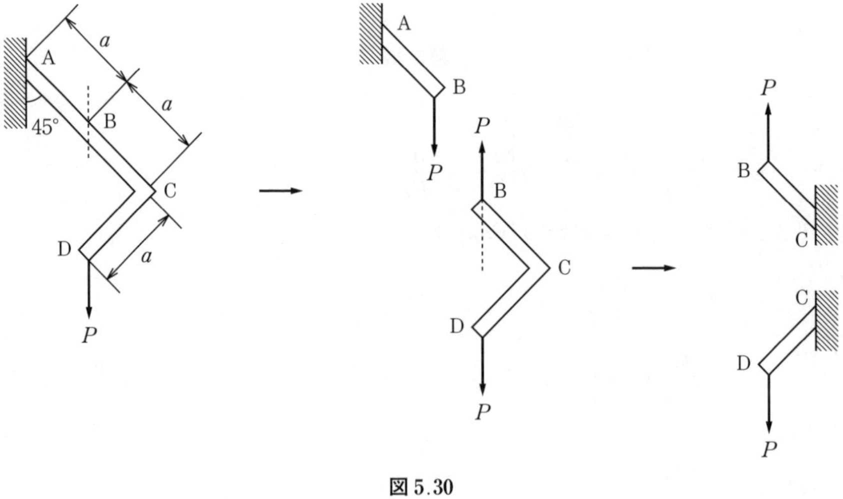

図 5.30

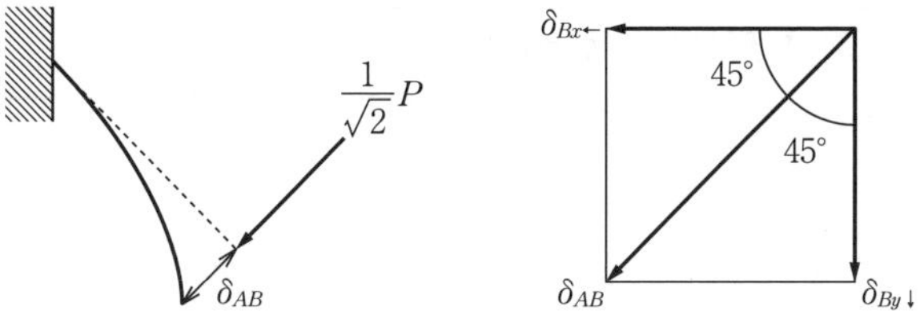

図 5.31

として生じる。

ミオソテスの方法より，たわみ δ_{AB} は

$$\delta_{AB}=\frac{\frac{1}{\sqrt{2}}P\times a^3}{3EI}$$

したがって，点 B での水平方向変位 $\delta_{Bx\leftarrow}$ および垂直方向変位 $\delta_{By\downarrow}$ はそれぞれ

$$\delta_{Bx\leftarrow}=\frac{\frac{1}{\sqrt{2}}P\times a^3}{3EI}\times\frac{1}{\sqrt{2}}$$

$$=\frac{Pa^3}{6EI}$$

$$\delta_{By\downarrow}=\frac{\frac{1}{\sqrt{2}}P\times a^3}{3EI}\times\frac{1}{\sqrt{2}}$$

$$=\frac{Pa^3}{6EI}$$

（2）点 D での垂直方向変位は $\delta_{Dy\downarrow}=\delta_{By\downarrow}\times 3$ で表されるので

$$\delta_{Dy\downarrow}=\frac{Pa^3}{6EI}\times 3$$

$$=\frac{Pa^3}{2EI}$$

（3）点 D での水平方向変位は $\delta_{Dx\leftarrow}=\delta_{Bx\leftarrow}$ なので

$$\delta_{Dx\leftarrow}=\delta_{Bx\leftarrow}$$

$$=\frac{Pa^3}{6EI}$$

【演習問題 5.13】 L 形はりのたわみ 2

図 5.32 に示す構造物（曲げ剛性 EI）において

（1）荷重点 B の垂直方向変位 $\delta_{By\downarrow}$ を求めよ。

（2）点 C の水平方向変位 $\delta_{Cx\rightarrow}$ を求めよ。

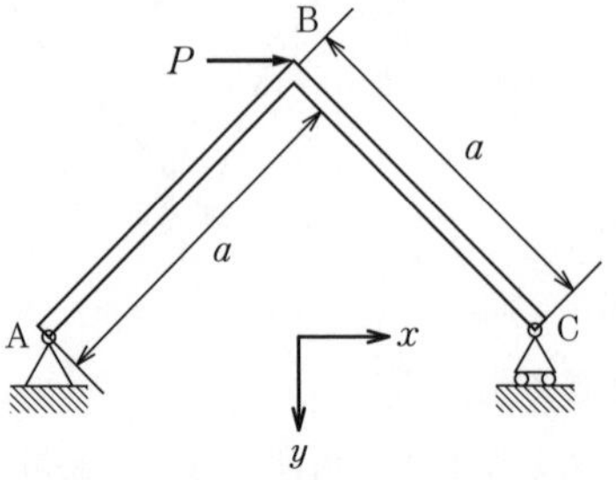

図 5.32

（解説）

（1）まず，力の釣合いにより点 A および点 C から受ける反力を求め，自由体線図を描くと**図 5.33** のようになる。ここで，この構造物を分割し，**図 5.34** のような点 B を固定端とする 2 本の片持はりモデルとして考える。

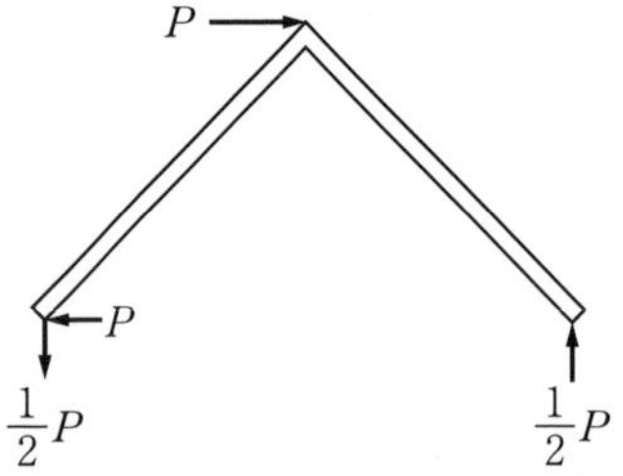

図 5.33

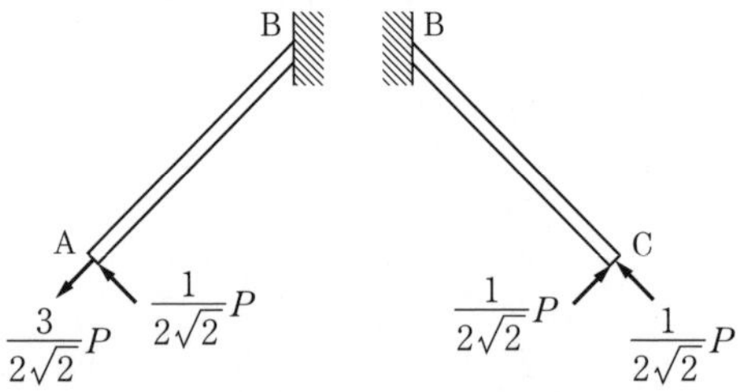

図 5.34

このモデルにおいて，左右の片持はりに生じる斜め 45° 方向のたわみは同じである。したがって，荷重点 B の垂直方向変位 $\delta_{By\downarrow}$ は，点 B を固定端とする片持はりモデルに生じる先端の垂直方向変位と等しい。つまり

$$\delta_{By\downarrow}=\frac{Pa^3}{6\sqrt{2}EI}\times\frac{1}{\sqrt{2}}$$

$$=\frac{Pa^3}{12EI}$$

（2）点 C での水平方向変位 $\delta_{Cx\rightarrow}$ は片持はりモデルの水平方向変位の 2 倍とな

るので

$$\delta_{Cx\rightarrow}=\frac{\dfrac{1}{2\sqrt{2}}P\times a^3}{3EI}\times\frac{1}{\sqrt{2}}\times 2$$
$$=\frac{Pa^3}{6EI}$$

章 末 問 題

【5.1】

図 5.35 のような両端支持はりにおいて点 B でのたわみ δ_B を求めよ。ただし，曲げ剛性を EI とする。

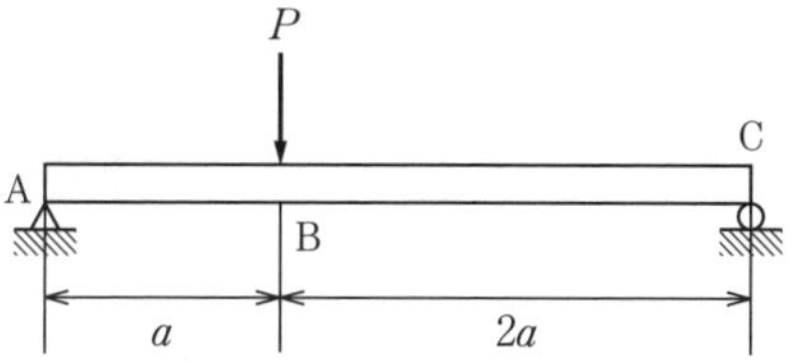

図 5.35

【5.2】

図 5.36 のような L 形はりにおいて，点 C での垂直方向変位 $\delta_{C\downarrow}$，および水平方向変位 $\delta_{C\rightarrow}$ を求めよ。ただし，曲げ剛性を EI とする。

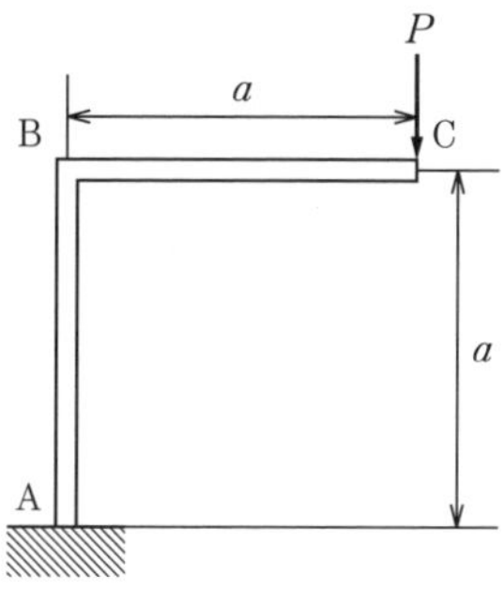

図 5.36

6

はりのたわみの不静定問題

はりのたわみの不静定問題は材料力学でも難関の一つである。しかし，一見複雑に見える問題も，切断して考えれば単純な片持はりの組合せに帰着することが多い。このような方法によって多くの問題が解決できるという勘所を身に着けてほしい。また，はりに生じる応力は曲げモーメントによる垂直応力のみを考えれば十分なことが多いが，はりの長さに対して断面積が大きい場合には，せん断応力の影響が大きくなるので注意が必要である。

6.1　はりのたわみ（不静定問題）

【演習問題 6.1】はりのたわみの不静定問題 1

図 6.1 に示すような構造物（曲げ剛性 EI）において，点 C での支点反力 R を求めよ。

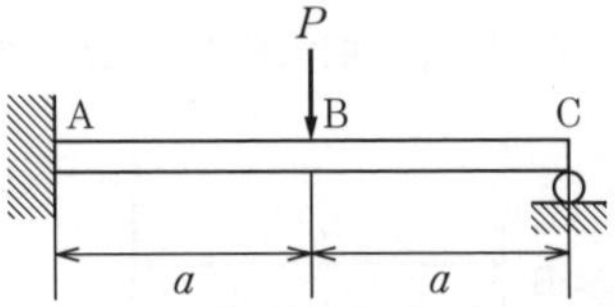

図 6.1

(解説)　もし P だけが負荷されているなら，点 C にたわみ δ_C が下向きに生じる。しかし，実際には点 C のころから受ける反力 R と P によって，$\delta_C=0$ となる（**図 6.2**）。

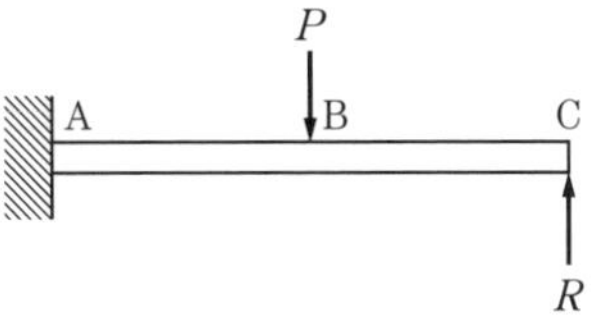

図 6.2

演習問題 5.8 の解答を用いて，このはりの先端 C のたわみは

$$\delta_C = \frac{5Pa^3}{6EI} - \frac{8Ra^3}{3EI} = 0$$

よって，R は

$$R = \frac{5}{16}P$$

【演習問題 6.2】 はりのたわみの不静定問題 2

図 6.3 に示すような両端を剛体壁で固定されているはりにおいて，点 C での垂直方向変位 $\delta_{C\downarrow}$ を求めよ。AB，DE の曲げ剛性を EI とする。

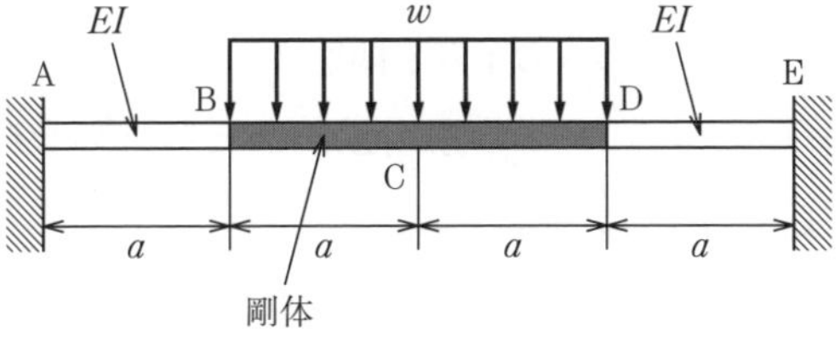

図 6.3

(解説)　点 C でたわみ角が 0 なので，点 D を固定端（$\delta_{D\downarrow}=0$）とする**図 6.4** のようなハーフモデルを考える。

ここで，CD は剛体であり変形しない。すなわち，点 D でのたわみ $\delta_{D\downarrow}$ と点 C でのたわみ $\delta_{C\downarrow}$ は等しいので，DE は**図 6.5** のようにモデル化できる。

図 6.5 のような片持はりモデルにおいて，点 E は固定端であるのでたわみ角 $\theta_E=0$ となる。これよりモーメント M を求めれば

$$\theta_E = \frac{wa^4}{2EI} - \frac{Ma^2}{EI} = 0$$

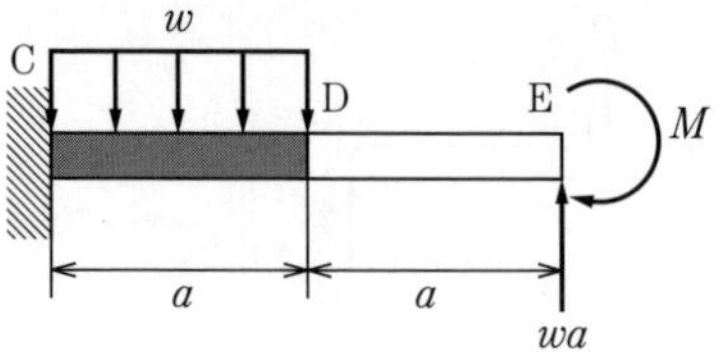

図 6.4

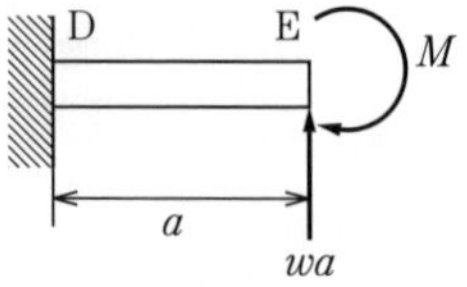

図 6.5

$$M=\frac{1}{2}wa^2$$

となる。先端の点 E のたわみ $\delta_{E\uparrow}$ は

$$\delta_{E\uparrow}=\frac{wa^4}{3EI}-\frac{\frac{1}{2}wa^2\times a^2}{2EI}=\frac{wa^4}{12EI}$$

この点 E でのたわみが，実際のはりのフルモデルにおける点 C の垂直方向変位 $\delta_{C\downarrow}$ と等しいので

$$\delta_{C\downarrow}=\delta_{E\uparrow}=\frac{wa^4}{12EI}$$

【演習問題 6.3】はりのたわみの不静定問題 3

図 6.6 に示すような，AB の曲げ剛性 EI，BC が剛体の L 形はりにおいて

（1）荷重点 C での反力 R を求めよ。

（2）荷重点 C での垂直方向変位 $\delta_{C\downarrow}$ を求めよ。

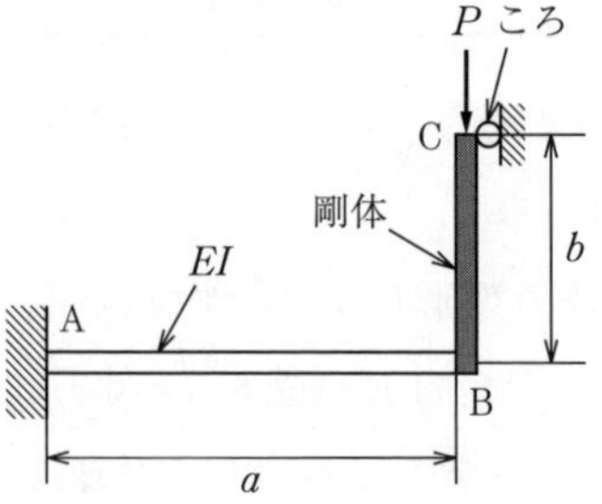

図 6.6

解説

（1）もし点Cにころがなく，荷重 P だけが作用しているなら水平方向変位 $\delta_{C\rightarrow}$ が右向きに生じるが，実際はころから受ける反力 R と P によって $\delta_{C\rightarrow}=0$ となる。この問題では，L形はりのBC部分が剛体であるので，$\delta_{C\rightarrow}=0$ となるためには点Bでのたわみ角 $\theta_B=0$ でなければならない。したがって，はりABをモデル化すると（**図6.7**），R は以下のように求まる。

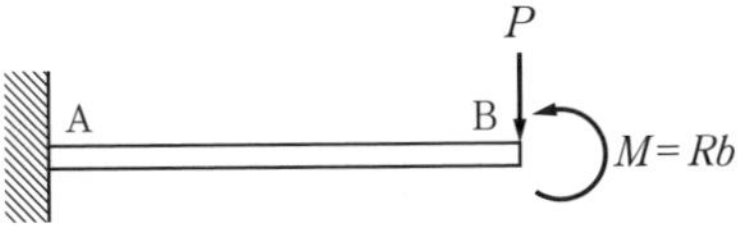

図6.7

$$\theta_B=\frac{Pa^2}{2EI}-\frac{Rab}{EI}=0$$

$$\therefore R=\frac{a}{2b}P$$

（2）点Cでの垂直方向変位 $\delta_{C\downarrow}$ は，点Bでの垂直方向変位 $\delta_{B\downarrow}$ と等しいので

$$\delta_{C\downarrow}=\delta_{B\downarrow}=\frac{Pa^3}{3EI}-\frac{\frac{a}{2b}Pb\times a^2}{2EI}=\frac{Pa^3}{12EI}$$

【演習問題 6.4】はりのたわみの不静定問題 4

図6.8のような曲げ剛性 EI の構造において，点Cに垂直方向の集中荷重 P がかかっているとき

（1）点Aおよび点Eでの反力 A_x, A_y, E_x, E_y を求めよ。

（2）点Cでの垂直方向変位 δ_{Cy} を求めよ。

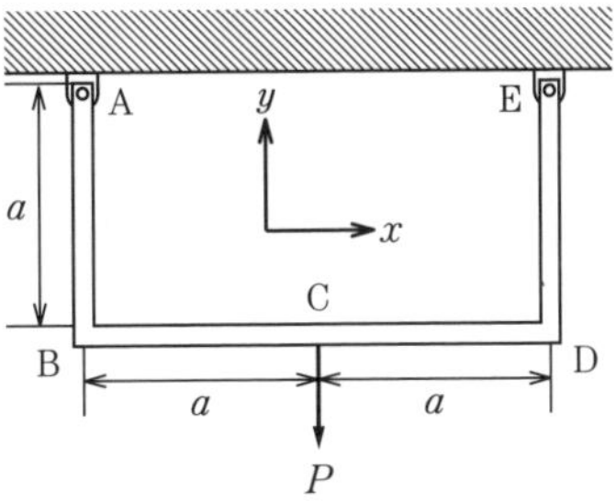

図6.8

解説

（1）この問題では点Cでたわみ角が0となるので，**図6.9**のようなハーフモデルを考える。荷重 $P/2$ だけが作用しているなら，点Aでの水平方向変位 $\delta_{Ax\rightarrow}$ が右向きに生じる。点Aはピンで固定されているため，水平方向荷重 Q と $P/2$ によって $\delta_{Ax\rightarrow}=0$ となる。つぎに**図6.10**のような片持はりBCを考えると，

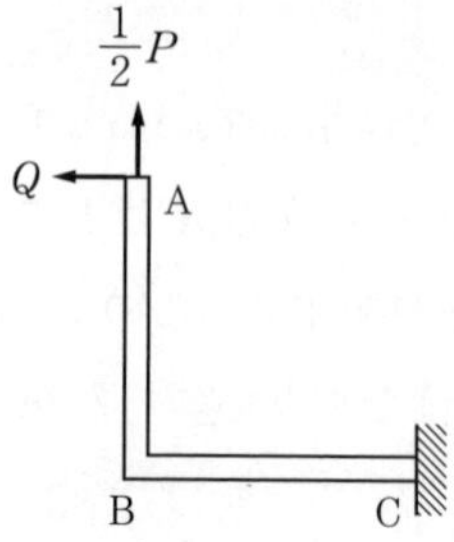

図 6.9

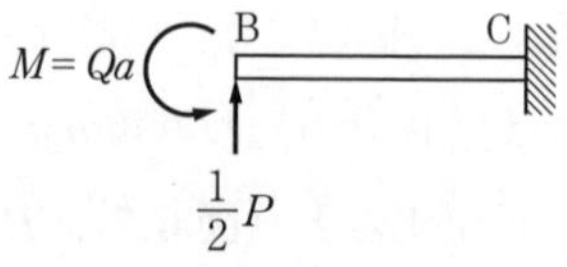

図 6.10

先端に生じるたわみ角 θ_B は

$$\theta_B=\frac{\frac{1}{2}Pa^2}{2EI}-\frac{Qa\times a}{EI}=\frac{Pa^2}{4EI}-\frac{Qa^2}{EI}$$

である。L 形はりモデル ABC の先端の水平方向変位 $\delta_{Ax\rightarrow}$ は

$$\delta_{Ax\rightarrow}=\theta_B\times a-\frac{Qa^3}{3EI}=0$$

と表される。これらより

$$\frac{Pa^2}{4EI}-\frac{Qa^2}{EI}-\frac{Qa^3}{3EI}=0$$

$$\therefore\ Q=\frac{3}{16}P$$

となる。したがって，点 A および点 E での反力 A_x, A_y, E_x, E_y は

$$A_x=\frac{3}{16}P,\quad A_y=\frac{1}{2}P,\quad E_x=\frac{3}{16}P,\quad E_y=\frac{1}{2}P$$

である。また，フルモデルの自由体線図は**図 6.11** のようになる。

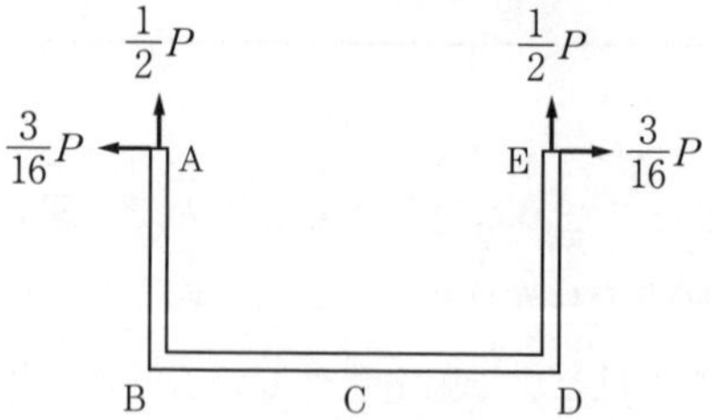

図 6.11

（2）図6.9における点Aの垂直方向変位 $\delta_{Ay\uparrow}$ は

$$\delta_{Ay\uparrow}=\frac{\frac{1}{2}Pa^3}{3EI}-\frac{Qa\times a^2}{2EI}$$

$$=\frac{\frac{1}{2}Pa^3}{3EI}-\frac{\frac{3}{16}Pa\times a^2}{2EI}$$

$$=\frac{7Pa^3}{96EI}$$

この $\delta_{Ay\uparrow}$ はフルモデルの点Cにおける垂直方向変位 δ_{Cy} と等しい。よって

$$\delta_{Cy}=\frac{7Pa^3}{96EI}$$

【演習問題6.5】はりのたわみの不静定問題5

図6.12に示すような構造（曲げ剛性 EI）において

（1）点Dでの反力 R を求めよ。

（2）点Dでの水平方向変位 $\delta_{Dx\rightarrow}$ を求めよ。

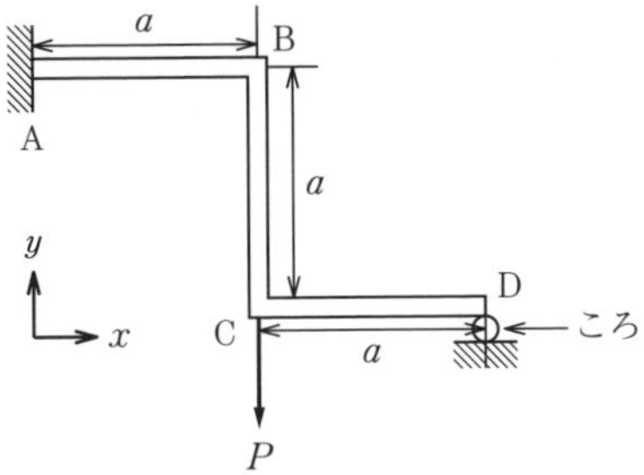

図6.12

(解説)

（1）もし点Dにころがなく，P だけ負荷されるなら，δ_{Dy} が下向きに生じる。しかし実際は，点Dのころから受ける反力 R と P によって $\delta_{Dy}=0$ となる。そこで本問では**図6.13**のように，P のみ負荷されたモデル（図（a）），R のみ負荷されたモデル（図（b））の二つを考える。

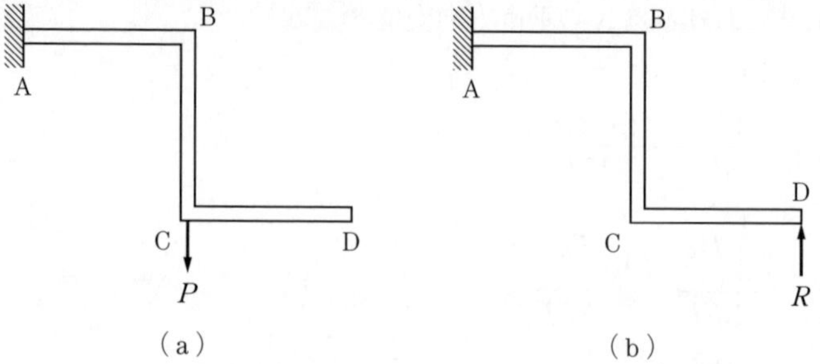

図 6.13

まず，図（a）のモデルにおける点 D での垂直方向変位 $\delta^a_{D\downarrow}$ は

$$\delta^a_{D\downarrow}=\delta^a_{B\downarrow}+\theta^a_B\times a$$

で表される。つまり，荷重 P による曲げ変形ははり AB のみに生じるので

$$\delta^a_{D\downarrow}=\frac{Pa^3}{3EI}+\frac{Pa^2}{2EI}\times a$$

$$=\frac{5Pa^3}{6EI}$$

つぎに，図（b）のモデルにおける点 D の垂直方向変位 $\delta^b_{D\uparrow}$ を考えるため，図のモデルを**図 6.14** のように切断する。これは，荷重 R による曲げ変形ははり AB，BC，CD のすべてに生じるためである。

点 B での垂直方向変位 $\delta^b_{B\uparrow}$ とたわみ角 θ^b_B は，図 6.14 の AB の片持はりモデ

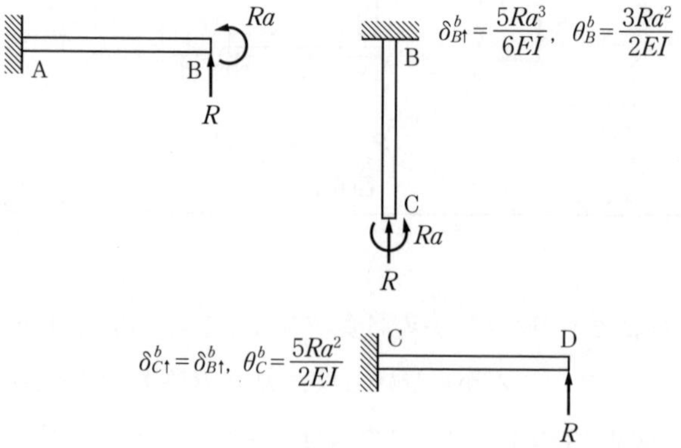

図 6.14

ルから，それぞれ

$$\delta_{B\uparrow}^{b}=\frac{Ra^3}{3EI}+\frac{Ra^3}{2EI}=\frac{5Ra^3}{6EI},\quad \theta_B^b=\frac{Ra^2}{2EI}+\frac{Ra^2}{EI}=\frac{3Ra^2}{2EI}$$

である。また，点Cでのたわみ角 θ_C^b は，点Bでのたわみ角も考慮して

$$\theta_C^b=\theta_B^b+\frac{Ra^2}{EI}$$

$$=\frac{5Ra^2}{2EI}$$

以上より，点Dでの垂直方向変位 $\delta_{D\uparrow}^{b}$ は

$$\delta_{D\uparrow}^{b}=\delta_{B\uparrow}^{b}+\theta_C\times a+\frac{Ra^3}{3EI}$$

$$=\frac{5Ra^3}{6EI}+\frac{5Ra^2}{2EI}\times a+\frac{Ra^3}{3EI}$$

$$=\frac{11Ra^3}{3EI}$$

となる。$\delta_{D\downarrow}^{a}=\delta_{D\uparrow}^{b}$ であるので

$$\frac{5Pa^3}{6EI}=\frac{11Ra^3}{3EI}$$

$$\therefore R=\frac{5}{22}P$$

（2）点Dでの水平方向変位 $\delta_{Dx\rightarrow}$ は，図6.13（a），（b）のモデルから

$$\delta_{Dx\rightarrow}=-\theta_B^a\times a+\theta_B^b\times a+\frac{Ra\times a^2}{2EI}$$

$$=\left(-\frac{Pa^2}{2EI}\right)\times a+\frac{3\times\frac{5}{22}P\times a^2}{2EI}\times a+\frac{\frac{5}{22}Pa^3}{2EI}$$

$$=-\frac{Pa^3}{2EI}+\frac{15Pa^3}{44EI}+\frac{5Pa^3}{44EI}$$

$$=-\frac{2Pa^3}{44EI}$$

$$=-\frac{Pa^3}{22EI}$$

【演習問題 6.6】はりのたわみの不静定問題 6

図 6.15 に示すようなピンを含むはり ABC（曲げ剛性 EI）に，分布荷重 w が作用しているとき

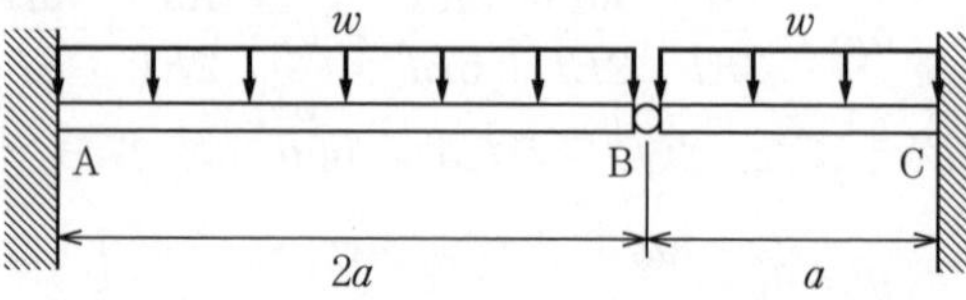

図 6.15

（1）点 B のピンで伝わる力 R を求めよ。

（2）点 B でのたわみ δ_B を求めよ。

（解説）

（1）本問では，**図 6.16** のように ABC をピンのところで切断した，はり AB とはり BC のそれぞれを片持はりとしてモデル化する。

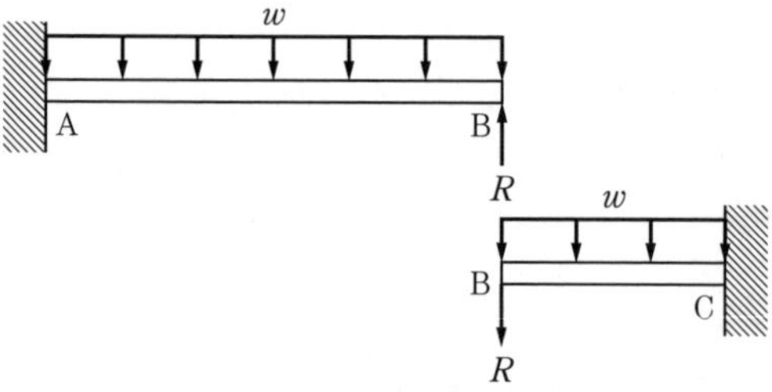

図 6.16

このとき，点 B はピンで接続されているため，片持はり AB の先端でのたわみ δ_{AB} は片持はり BC の先端でのたわみ δ_{BC} と等しい。したがって

$$\delta_{AB}=\delta_{BC}$$

$$\frac{w(2a)^4}{8EI}-\frac{R(2a)^3}{3EI}=\frac{wa^4}{8EI}+\frac{Ra^3}{3EI}$$

$$\therefore\ R=\frac{5}{8}wa$$

（2）点 B でのたわみ δ_B は

$$\delta_B=\frac{w(2a)^4}{8EI}-\frac{\frac{5}{8}wa(2a)^3}{3EI}$$

$$=\frac{2wa^4}{EI}-\frac{5wa^4}{3EI}$$

$$=\frac{wa^4}{3EI}$$

【演習問題 6.7】 はりのたわみの不静定問題 7

図 6.17 に示すように，両端が壁に固定された曲げ剛性 EI のはりの右側の壁が δ だけ変位した。このはりの SFD と BMD を描け（$\delta \ll a$）。

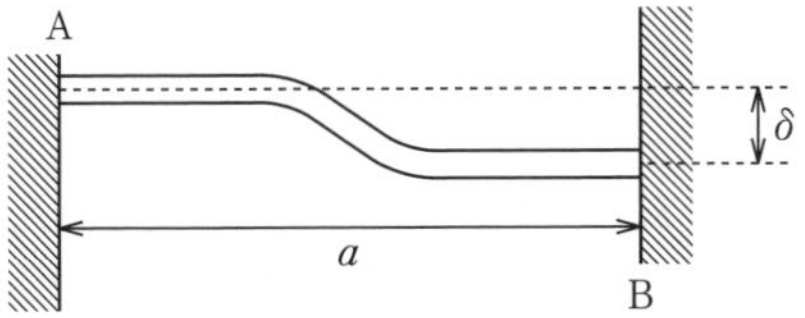

図 6.17

（**解説**） このはりは中央点を中心として逆対称に変形する。はりを中央点 C で切断した**図 6.18** のようなハーフモデルについて考えると，片持はり AC と CB の形状が等しい。このとき，もし片持はりの先端 C に曲げモーメント M が生じると，**図 6.19** に示すように逆対称性が崩れる。したがって，片持はり

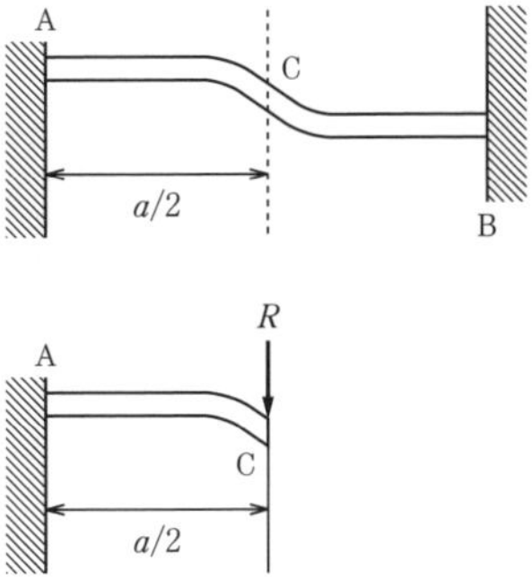

図 6.18

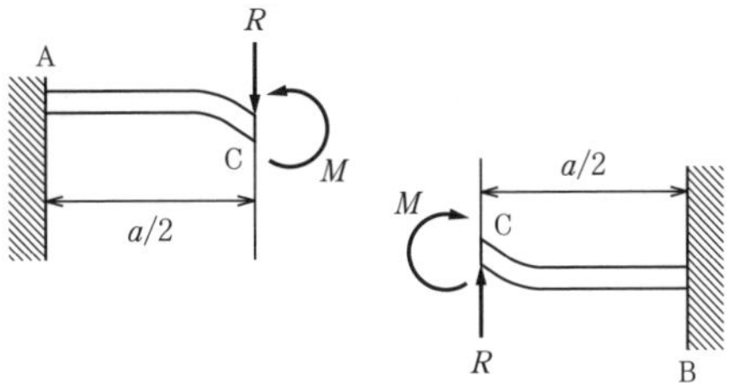

図 6.19

の先端Cでは曲げモーメント $M=0$ である。

この片持はりの先端Cのたわみは $\delta/2$ であるので，荷重 R は

$$\frac{\delta}{2}=\frac{R\times\left(\dfrac{1}{2}a\right)^3}{3EI}$$

$$\therefore R=\frac{12EI\delta}{a^3}$$

となる。したがって，このはりのSFDとBMDは**図6.20**のようになる。

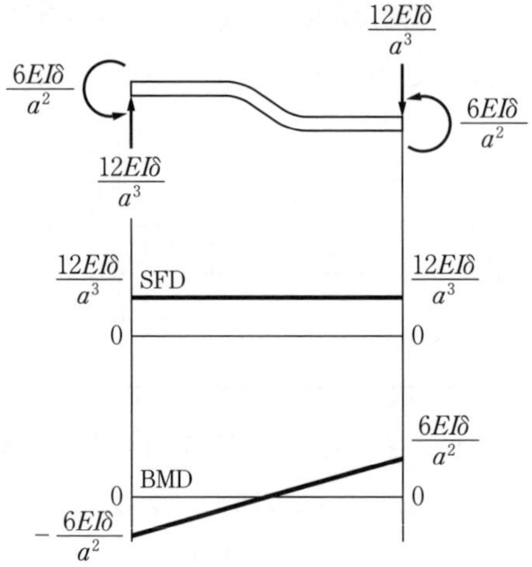

図6.20

【演習問題6.8】熱応力による不静定問題

図6.21に示すような曲げ剛性 EI のU形はりに針金（ヤング率 E，断面積 A，線膨張係数 α）が固定されている。針金のみ ΔT だけ温度降下するとき，針金に生じる応力 σ を求めよ。

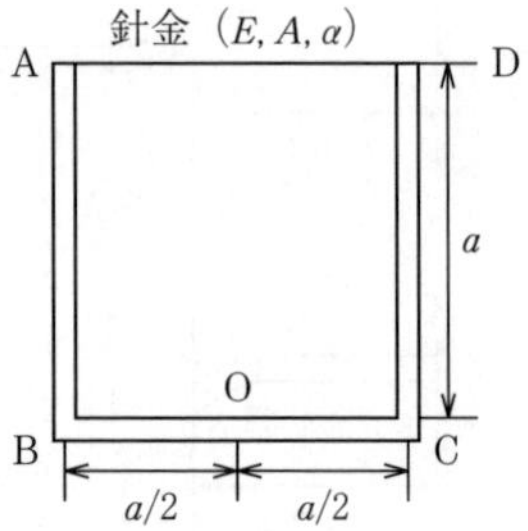

図6.21

解説 本問では，対称性から，**図 6.22** のようなハーフモデル OCD を考える。ここで，針金に生じる引張力を S とする。

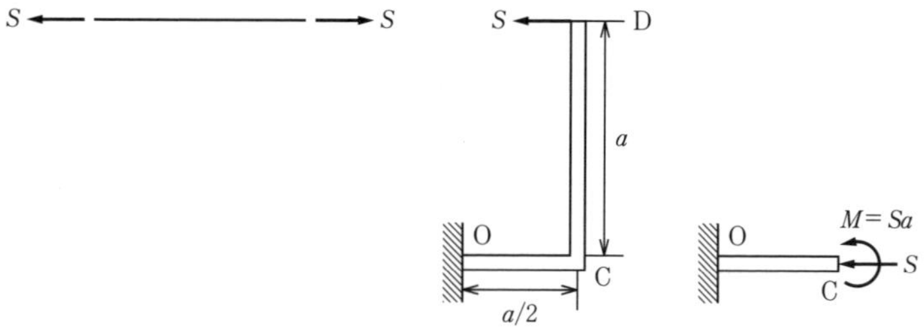

図 6.22

このハーフモデルにおいて変形の条件を考慮すると，点 D の水平方向変位 δ_D は針金の縮み量の半分に等しい。すなわち

$$2\delta_D = \alpha a \Delta T - \frac{Sa}{EA}$$

$$2\left\{ \frac{Sa\left(\dfrac{1}{2}a\right)}{EI} \times a + \frac{Sa^3}{3EI} \right\} = \alpha a \Delta T - \frac{Sa}{EA}$$

$$-\frac{5Sa^3}{3EI} = \frac{Sa}{EA} - \alpha a \Delta T$$

$$\frac{Sa}{EA} + \frac{5Sa^3}{3EI} = \alpha a \Delta T$$

$$\frac{3Ia + 5Aa^3}{3EIA} S = \alpha a \Delta T$$

$$\therefore\ S = \frac{3EIA\alpha\Delta T}{3I + 5Aa^2}$$

よって，針金に生じる応力 σ は

$$\sigma = \frac{S}{A}$$

$$= \frac{3EI\alpha\Delta T}{3I + 5Aa^2}$$

6.2 はりの曲げによるせん断応力

【演習問題 6.9】せん断応力の性質（共役せん断応力）

はりの任意点から微小な要素 ABCD を取り出し，そこに生じるせん断応力を τ_1，τ_2 とする（**図 6.23**）。この要素のモーメントの釣合いから，τ_1 と τ_2 の関係を示せ。

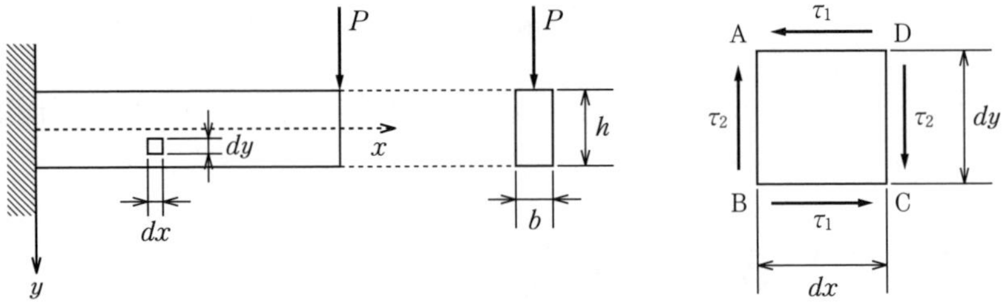

図 6.23

(**解説**)　要素の厚さは幅 b であり，せん断応力 τ_1，τ_2 は板厚方向に一様に分布すると考える。点 B 回りのモーメントの釣合いより

$$\tau_1 \times (dx \times b) \times dy = \tau_2 \times (dy \times b) \times dx$$

したがって

$$\tau_1 = \tau_2$$

この関係を**共役せん断応力**といい，せん断応力に関するきわめて重要な性質である。すなわち，はりの横断面にせん断応力 τ が生じる場合，その垂直方向の断面にも同じ大きさのせん断応力が生じることになる（演習問題 4.1 と同様）。この性質は荷重形式や座標系が変化しても変わることはなく，つねに対をなして生じる。言葉を変えると，せん断応力はつねに図 6.23 右のような状態（四つが 1 セット）で存在している。

【演習問題 6.10】曲げによって生じる最大せん断応力 1

図 6.24 に示すような長方形断面（幅 b，高さ h）のはりを考える。一般

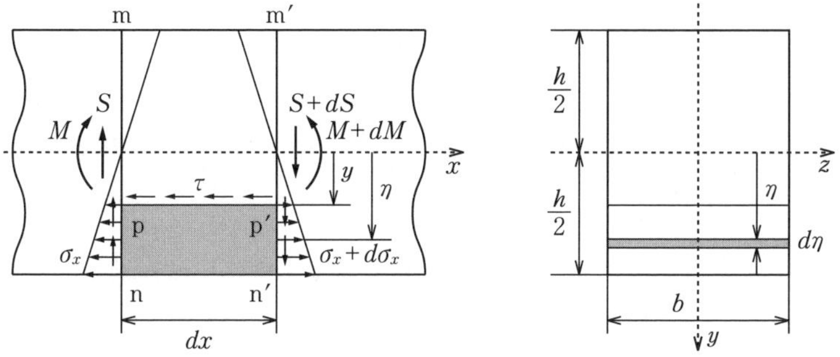

図 6.24

にはりの長さ方向の位置によって曲げモーメントは変化するため，はりの近接した断面 mn，m′n′ に作用する曲げモーメントを M，$M+dM$ とし，それによって中立軸から η の位置に生じる曲げ応力を σ_x，$\sigma_x+d\sigma_x$ とする。

（1）はりの下面 nn′ を含む要素 pnn′p′ に作用する x 方向の平衡条件より，面 pp′ に生じるせん断応力 τ が次式で表せることを示せ。ここで，S は断面に作用するせん断力，I は断面 2 次モーメントであり，τ は断面の幅方向に一様に分布するものとする。

$$\tau=\frac{S}{bI}\int_{y}^{h/2}\eta\, bd\eta$$

（2）長方形断面に生じるせん断応力 τ，最大せん断応力 $\tau_{\max}$ を求めよ。

解説

（1）図のような要素 pnn′p′ の x 方向の力の釣合い式を求める。x 軸方向を正とすれば

$$\int_{y}^{h/2}(\sigma_x+d\sigma_x)\, bd\eta-\int_{y}^{h/2}\sigma_x\, bd\eta-\tau\, bdx=0$$

式を整理して

$$\int_{y}^{h/2}d\sigma_x\, bd\eta=\tau\, bdx$$

両辺を dx で除し，$\sigma_x=M\eta/I$，$dM/dx=S$ の関係を考慮して

$$\tau\, b=\int_{y}^{h/2}\frac{d\sigma_x}{dx}\, bd\eta=\int_{y}^{h/2}\frac{d}{dx}\left(\frac{M}{I}\eta\right)bd\eta=\frac{dM}{dx}\int_{y}^{h/2}\frac{\eta}{I}\, bd\eta=\frac{S}{I}\int_{y}^{h/2}\eta\, bd\eta$$

したがって

$$\tau = \frac{S}{bI}\int_y^{h/2} \eta\, bd\eta$$

上式は面 pp′ のせん断応力であるが，せん断応力の性質から，横断面の中立軸から y の位置に生じるせん断応力と等しい。

（2）（1）の結果に $I = bh^3/12$ を代入して積分すれば，せん断応力 τ は次式のように表すことができる。

$$\tau = \frac{S}{I}\int_y^{\frac{h}{2}} \eta d\eta = \frac{S}{2I}\left(\frac{h^2}{4} - y^2\right) = \frac{6S}{bh^3}\left(\frac{h^2}{4} - y^2\right) = \frac{3S}{2bh}\left(1 - \frac{4y^2}{h^2}\right)$$

長方形断面の面積を A，平均のせん断応力を $\tau_{\mathrm{mean}} = S/A = S/bh$ と置けば

$$\tau = \frac{3S}{2bh}\left(1 - \frac{4y^2}{h^2}\right) = \frac{3}{2}\tau_{\mathrm{mean}}\left(1 - \frac{4y^2}{h^2}\right)$$

したがって，長方形断面に生じるせん断応力 τ は放物線状に分布し，はりの上下面 $y = \pm h/2$ で $\tau = 0$，はり断面の中央部 $y = 0$ で最大となり（**図 6.25**），最大せん断応力 $\tau_{\max}$ は次式のとおりである。

$$\tau_{\max} = \frac{3}{2}\tau_{\mathrm{mean}}$$

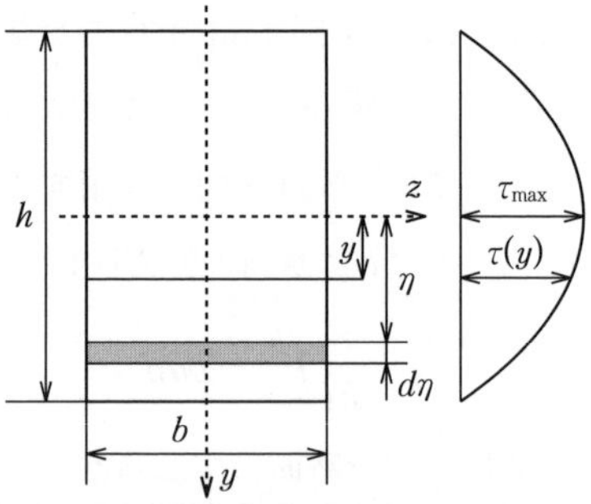

図 6.25

【演習問題 6.11】曲げによって生じる最大せん断応力 2

図 6.26 に示すような円形断面（直径 $d = 2a$）のはりに生じるせん断応力を求めよ。ただし，断面に生じるせん断力は S，断面 2 次モーメントを I とする。

（1）図の要素 pnn′p′ の力の釣合いより，せん断応力 τ を求めよ。

（2）円形断面の境界上に生じる合せん断応力 τ_1 を求め，断面に生じる最大せん断応力 $\tau_{\max}$ の大きさを求めよ。

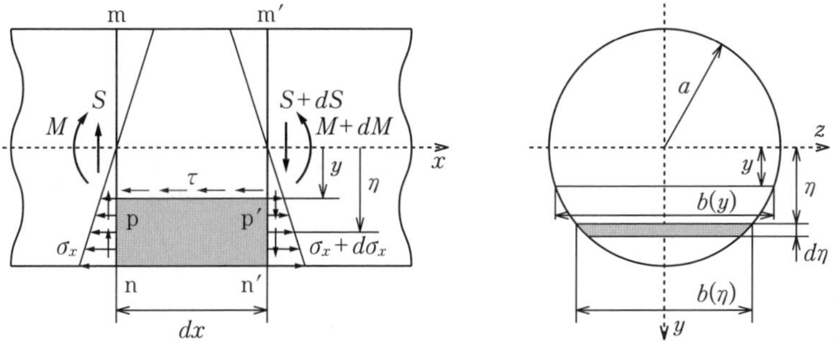

図 6.26

(解説)

（1）長方形断面と同様に，要素 pnn′p′ の x 方向の平衡条件から次式を得る。ただし，円形断面は中立軸からの距離によって幅 b が変化し，$b(y)$ は距離 y の位置の幅，$b(\eta)$ は距離 η における幅を表す。

$$\int_y^a d\sigma_x\, b(\eta)d\eta = \tau\, b(y)dx$$

両辺を dx で除し，$\sigma_x = M\eta/I$，$dM/dx = S$ の関係および $b(y) = 2\sqrt{a^2 - y^2}$，$b(\eta) = 2\sqrt{a^2 - \eta^2}$ を代入すれば，左辺は

$$\int_y^a \frac{d\sigma_x}{dx} b(\eta)d\eta = \frac{S}{I}\int_y^a \eta\, b(\eta)d\eta = \frac{2S}{I}\int_y^a \eta\sqrt{a^2 - \eta^2}\,d\eta = \frac{2S}{3I}(a^2 - y^2)^{\frac{3}{2}}$$

$$= \frac{b(y)S}{3I}(a^2 - y^2)$$

したがって，$I = \pi d^4/64 = \pi a^4/4$ および平均せん断応力 $\tau_{\mathrm{mean}} = S/A = S/\pi a^2$ を代入して

$$\tau = \frac{S}{3I}(a^2 - y^2) = \frac{4S}{3\pi a^4}(a^2 - y^2) = \frac{4}{3}\tau_{\mathrm{mean}}\left(1 - \frac{y^2}{a^2}\right)$$

上の結果より，せん断応力 τ は放物線状に分布し，上下面（$y = \pm a$）で $\tau = 0$，かつ中立軸上（$y = 0$）で最大になる（**図 6.27**）。

（2）円形断面では，長方形断面と異なり，境界上の合せん断応力 τ_1 は境界と接線方向に生じるので，次式のようになる。

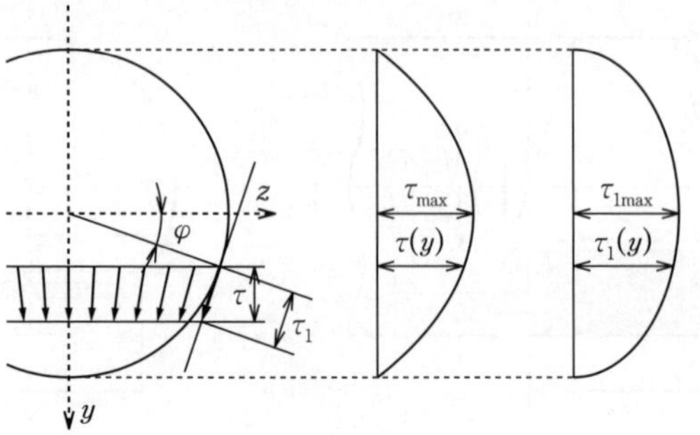

図 6.27

$$\tau_1 = \frac{\tau}{\cos\varphi}, \quad \cos\varphi = \frac{1}{a}\sqrt{a^2 - y^2} = \sqrt{1 - \frac{y^2}{a^2}}$$

上式を整理すれば

$$\tau_1 = \frac{\tau}{\sqrt{1 - \dfrac{y^2}{a^2}}} = \frac{4}{3}\,\tau_{\text{mean}}\sqrt{1 - \frac{y^2}{a^2}}$$

したがって，合せん断応力 τ_1 も中立軸上で最大値をとり（図 6.27），その値は

$$\tau_{\max} = (\tau_1)_{\eta=0} = \frac{4}{3}\,\tau_{\text{mean}}$$

章　末　問　題

【6.1】

図 6.28 に示すように，曲げ剛性 EI の片持はりに分布荷重 w を作用させたとき

（1）点 C の反力 R を求めよ。

（2）はり ABC の SFD，BMD を描け。

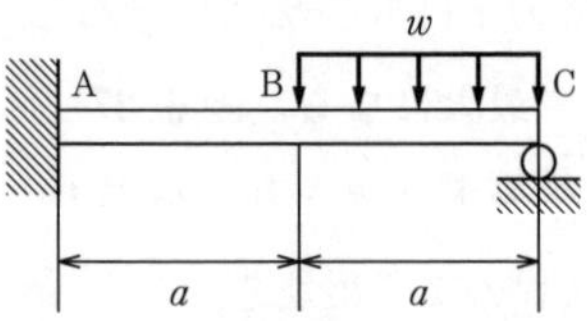

図 6.28

【6.2】

図 6.29 に示すような点 A を固定した長さ $a+a$ の L 形はり（曲げ剛性 EI）において，点 B に荷重 P が作用しており，点 C ではころで支持されている。このとき，点 C の反力 R および水平方向変位 δ_{Cx} を求めよ。

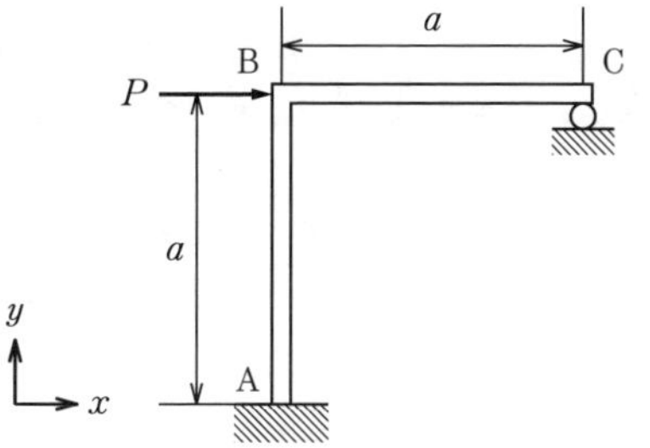

図 6.29

7

曲げとねじりの組合せ

これまで引張り・圧縮，ねじり，曲げとそれぞれの荷重形式に対する応力と変形について考えてきた。本章では，曲げとねじりが同時に作用する問題を取り扱う。このような応力状態は組合せ応力と呼ばれ，曲げとねじりのそれぞれの荷重による応力ではなく，断面の垂直応力とせん断応力の最大値に基づいた強度評価を行わねばならない。そのためには，主応力あるいは主せん断応力を考える必要がある。弾性力学の問題を解く際にもよく用いる重要な概念であるので，演習問題 7.1〜7.3 をよく理解してほしい。

7.1　曲げとねじりによる応力（組合せ応力）

【演習問題 7.1】応力の座標変換

図 7.1（a）に示すような，板の内部の任意の点で応力成分が σ_x，σ_y，τ_{xy} である平板を考える。この応力成分を，x 軸から θ 傾いた $\xi-\eta$ 座標系の応力成分 $\sigma_\xi, \sigma_\eta, \tau_{\xi\eta}$ に変換せよ。

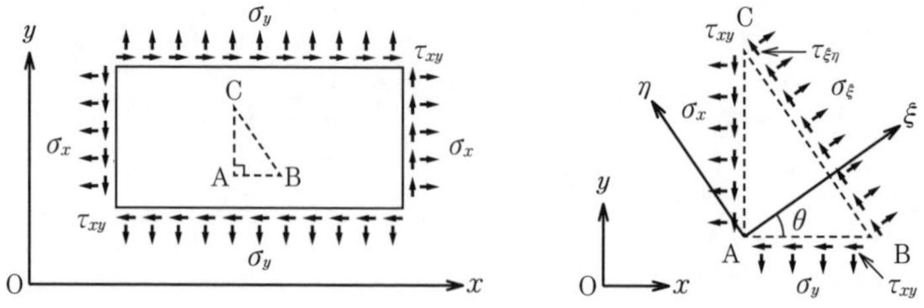

（a）　（b）

図 7.1

（解説）　図（b）のように，長方形板の中に微小な直角三角形要素 ΔABC を想定し，この三角形板の平衡条件を考えることにより，傾いた面 BC に生じる垂直応力 σ_ξ とせん断応力 $\tau_{\xi\eta}$ を導出する。辺 AB と辺 AC に作用する力の ξ 方向成分は，辺 BC に作用する ξ 方向の力と釣合う必要があるため

$$\sigma_\xi \overline{\mathrm{BC}} = (\sigma_x \overline{\mathrm{AC}} + \tau_{xy} \overline{\mathrm{AB}})\cos\theta + (\tau_{xy} \overline{\mathrm{AC}} + \sigma_y \overline{\mathrm{AB}})\sin\theta$$

同様に，η 方向成分の力の釣合いを考えれば

$$\tau_{\xi\eta} \overline{\mathrm{BC}} = -(\sigma_x \overline{\mathrm{AC}} + \tau_{xy} \overline{\mathrm{AB}})\sin\theta + (\tau_{xy} \overline{\mathrm{AC}} + \sigma_y \overline{\mathrm{AB}})\cos\theta$$

$\overline{\mathrm{BC}}=1$ とすれば，$\overline{\mathrm{AC}}=\cos\theta$，$\overline{\mathrm{AB}}=\sin\theta$ であるから，次式のような 2 次元の応力変換式が得られる。ここで，η 方向の垂直応力成分 σ_η は，σ_ξ の式の θ に $\theta+\pi/2$ を代入すれば求められる。

$$\sigma_\xi = \sigma_x \cos^2\theta + \sigma_y \sin^2\theta + 2\tau_{xy}\cos\theta\sin\theta$$

$$\sigma_\eta = \sigma_x \sin^2\theta + \sigma_y \cos^2\theta - 2\tau_{xy}\cos\theta\sin\theta$$

$$\tau_{\xi\eta} = (\sigma_y - \sigma_x)\cos\theta\sin\theta + \tau_{xy}(\cos^2\theta - \sin^2\theta)$$

【演習問題 7.2】主　　応　　力

図 7.2（a）に示すように，ある点の応力成分が σ_x，σ_y，τ_{xy} である平板（単位厚さ）がある。座標系を角度 θ 変化させたとき，ξ 軸に垂直な面の応力が $\sigma_\xi=\sigma, \tau_{\xi\eta}=0$ となった。この面の垂直応力 σ が σ_ξ の最大値，最小値を表すことを示し，その値を求めよ。

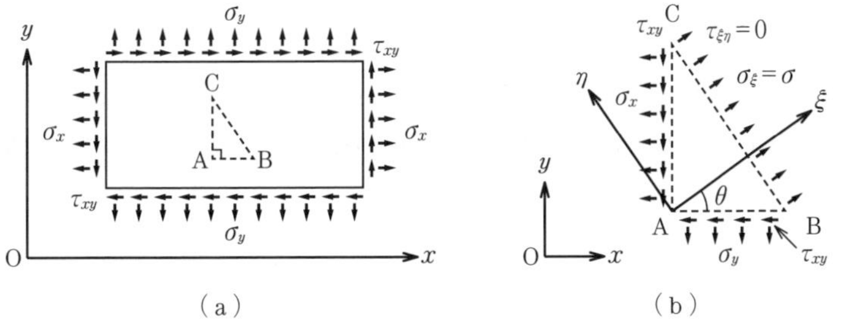

図 7.2

（解説）　垂直応力 σ が最大，最小となる条件を求めるため，演習問題 7.1 の

応力変換式の σ_ξ を θ に関して微分すれば

$$\frac{d\sigma_\xi}{d\theta}=2(\sigma_y-\sigma_x)\cos\theta\sin\theta+2\tau_{xy}(\cos^2\theta-\sin^2\theta)=2\tau_{\xi\eta}$$

となる。図（b）の面 BC のように $\tau_{\xi\eta}=0$ となる面では $d\sigma_\xi/d\theta=0$ となり，極値をとることがわかる。したがって，せん断応力が生じない面の垂直応力 σ は σ_ξ の最大値あるいは最小値になる。

つぎに，図（b）の長方形板（単位厚さ）中の直角三角形要素の平衡条件より

$$x\text{ 方向の力の釣合い：}\sigma_x\times\overline{\mathrm{AC}}+\tau_{xy}\times\overline{\mathrm{AB}}=\sigma\times\overline{\mathrm{BC}}\cos\theta$$

$$y\text{ 方向の力の釣合い：}\tau_{xy}\times\overline{\mathrm{AC}}+\sigma_y\times\overline{\mathrm{AB}}=\sigma\times\overline{\mathrm{BC}}\sin\theta$$

ここで，$\overline{\mathrm{AC}}/\overline{\mathrm{BC}}=\cos\theta$，$\overline{\mathrm{AB}}/\overline{\mathrm{BC}}=\sin\theta$ であるから

$$(\sigma_x-\sigma)\cos\theta+\tau_{xy}\sin\theta=0$$

$$\tau_{xy}\cos\theta+(\sigma_y-\sigma)\sin\theta=0$$

となる。$\cos^2\theta+\sin^2\theta=1$ であるから，$\cos\theta$ と $\sin\theta$ が同時に 0 になることはない。したがって，上式が成立する条件は

$$\begin{vmatrix}(\sigma_x-\sigma) & \tau_{xy}\\ \tau_{xy} & (\sigma_y-\sigma)\end{vmatrix}=0$$

上式を解いて根 σ_1，σ_2 を求めれば

$$\sigma_{1,2}=\frac{(\sigma_x+\sigma_y)\pm\sqrt{(\sigma_x-\sigma_y)^2+4\tau_{xy}{}^2}}{2}$$

σ_1 と σ_2 をそれぞれ最大主応力，最小主応力と呼び，両者をあわせて単に**主応力**という。また，主応力の作用する面（つまり，法線方向が x 軸より θ 傾いた面）を主応力面といい，主応力の作用方向を主応力方向あるいは**主軸**という。主応力の方向は次式で表される。

$$\theta=\tan^{-1}\left(\frac{\sigma-\sigma_x}{\tau_{xy}}\right)$$

これに $\sigma=\sigma_1$ を代入すると x 軸と σ_1 方向の角度，$\sigma=\sigma_2$ を代入すると σ_2 方向の角度がそれぞれ得られる。

【演習問題 7.3】 主 せ ん 断 応 力

演習問題 7.2 と同様に，座標系を角度 θ 変化させた場合のせん断応力 τ の最大値および最小値を求めよ。

解説　ここでは主応力 σ_1，σ_2 の状態から応力変換を行う。主軸の方向を x，y 座標とすれば，応力成分は $\sigma_x=\sigma_1$，$\sigma_y=\sigma_2$，$\tau_{xy}=0$ である。そこから θ 傾いた座標系でのせん断応力 $\tau_{\xi\eta}$ は，応力変換式より

$$\tau_{\xi\eta}=(\sigma_2-\sigma_1)\sin\theta\cos\theta=\frac{\sigma_2-\sigma_1}{2}\sin 2\theta$$

となる。$|\sin 2\theta|\leq 1$ であるから，せん断応力の最大値 $|\tau_{\max}|$ は，$\theta=\pm\pi/4$ で

$$|\tau_{\max}|=\frac{\sigma_1-\sigma_2}{2}$$

したがって，最大せん断応力は，二つの主軸を 2 等分する面（主軸と $\pi/4$ をなす面）に生じる。上式に主応力 σ_1，σ_2 の式を代入すれば，せん断応力の最大および最小値（主せん断応力と呼ぶ）τ_1，τ_2 はつぎのようになる。

$$\tau_{1,2}=\pm\sqrt{\left(\frac{\sigma_x-\sigma_y}{2}\right)^2+\tau_{xy}{}^2}$$

【演習問題 7.4】 曲げとねじりが同時に作用するときの応力 1

図 7.3 に示すような直径 d の軸に，曲げモーメント M とねじりモーメント T が同時に作用するときに生じる最大垂直応力 $\sigma_{\max}$ および最大せん断応力 $\tau_{\max}$ を求めよ。

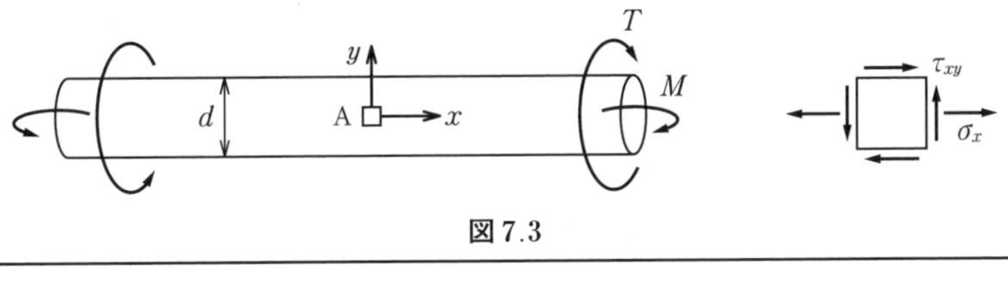

図 7.3

解説　点 A の曲げモーメント M のみが作用するときの応力を σ_0，ねじりモーメント T のみが作用するときの応力を τ_0 とすれば

$$\sigma_0 = \frac{M}{I}\frac{d}{2} = \frac{32}{\pi d^3}M, \quad \tau_0 = \frac{T}{I_p}\frac{d}{2} = \frac{16}{\pi d^3}T$$

応力状態は $\sigma_x = \sigma_0$，$\sigma_y = 0$，$\tau_{xy} = \tau_0$ であるので，$\sigma_{\max}$ および $\tau_{\max}$ は

$$\sigma_{\max} = \frac{(\sigma_x + \sigma_y) \pm \sqrt{(\sigma_x - \sigma_y)^2 + 4\tau_{xy}{}^2}}{2} = \frac{\sigma_0 \pm \sqrt{\sigma_0{}^2 + 4\tau_0{}^2}}{2}$$

$$= \frac{32}{\pi d^3}\frac{1}{2}\left(M + \sqrt{M^2 + T^2}\right) = \frac{32}{\pi d^3}M_e$$

$$\tau_{\max} = \sqrt{\frac{(\sigma_x + \sigma_y)^2}{4} + \tau_{xy}{}^2} = \sqrt{\frac{\sigma_0{}^2}{4} + \tau_0{}^2} = \frac{16}{\pi d^3}\sqrt{M^2 + T^2} = \frac{16}{\pi d^3}T_e$$

ここで，$M_e = (1/2)(M + \sqrt{M^2 + T^2})$ を**相当曲げモーメント**，$T_e = \sqrt{M^2 + T^2}$ を**相当ねじりモーメント**という。

【演習問題 7.5】 曲げとねじりが同時に作用するときの応力 2

図 7.4 に示すように，長さ a＝400 mm（AB 間），l＝800 mm（BC 間）の L 形丸棒の一端 C を鉛直壁に固定して水平に保持する。自由端 A に P＝500 N の荷重が作用するとき，許容応力以下となるように，丸棒の直径 d を決定せよ。ここで，ヤング率 E＝200 GPa，せん断弾性係数 G＝80 GPa，許容応力 σ_a＝120 MPa，許容せん断応力 τ_a＝60 MPa とする。

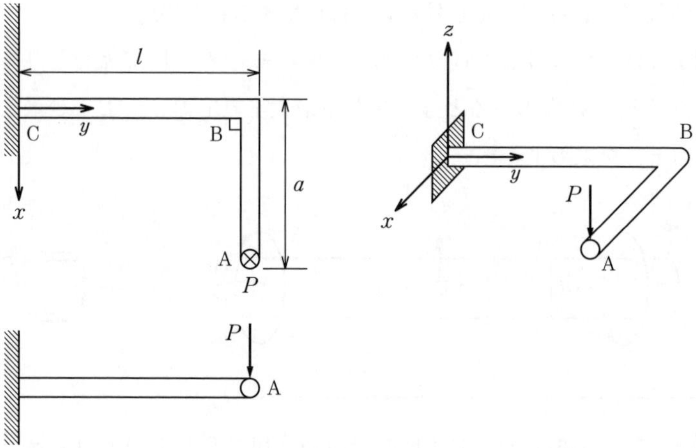

図 7.4

解説 まず，L 形丸棒の最大曲げモーメント M_{max} および最大ねじりモーメント T_{max} は固定端 C に生じ

$$M_{\mathrm{max}} = P \times l = 500 \times 0.8 = 400\ \mathrm{N \cdot m}$$

$$T_{\mathrm{max}} = P \times a = 500 \times 0.4 = 200\ \mathrm{N \cdot m}$$

相当曲げモーメント M_e および相当ねじりモーメント T_e は

$$M_e = \frac{1}{2}\left(M + \sqrt{M^2 + T^2}\right) = \frac{1}{2}\left(400 + \sqrt{400^2 + 200^2}\right) = 423.6\ \mathrm{N \cdot m}$$

$$T_e = \sqrt{M^2 + T^2} = \sqrt{400^2 + 200^2} = 447.2\ \mathrm{N \cdot m}$$

最大応力は許容応力以下という条件から，$\sigma_{\mathrm{max}} = \sigma_a$，$\tau_{\mathrm{max}} = \tau_a$ と置いて

$$\sigma_a \geq \frac{32}{\pi d^3} M_e \quad \rightarrow \quad d \geq \sqrt[3]{\frac{32 M_e}{\pi \sigma_a}} = \sqrt[3]{\frac{32 \times 423.6 \times 10^3}{\pi \times 120}} = 33.0\ \mathrm{mm}$$

$$\tau_a \geq \frac{16}{\pi d^3} T_e \quad \rightarrow \quad d \geq \sqrt[3]{\frac{16 T_e}{\pi \tau_a}} = \sqrt[3]{\frac{16 \times 447.2 \times 10^3}{\pi \times 60}} = 33.6\ \mathrm{mm}$$

よって，より安全な直径として，$d = 34\ \mathrm{mm}$ とする。

7.2 曲げとねじりによる変形

【演習問題 7.6】曲げとねじりが同時に作用するはりの変形

図 7.5 に示すようなはりが，荷重 P を受けている。点 C に生じる紙面垂直方向の変位 δ_C を求めよ。ただし AB の曲げ剛性は EI，ねじり剛性は GI_p，BC は剛体である。

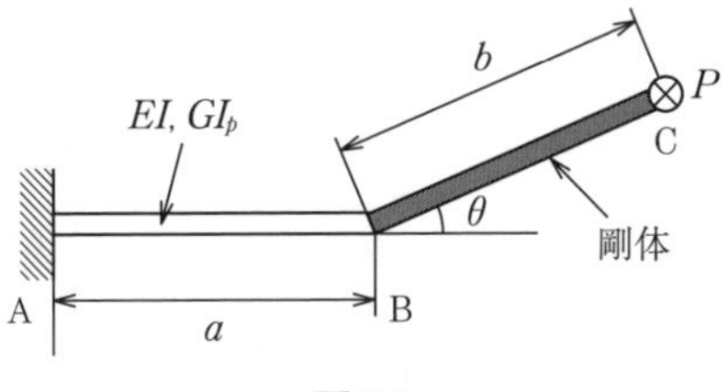

図 7.5

解説 与えられたはりを点 B で切断し，**図 7.6** のようなはり AB を考える

と，まず集中荷重 P と曲げモーメント $Pb\cos\theta$ によって曲げが生じる。曲げによって生じる点Bでのたわみ δ_B は

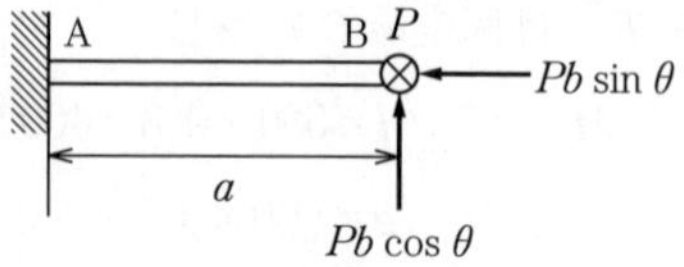

図 7.6

$$\delta_B=\frac{Pa^3}{3EI}+\frac{Pb\cos\theta\times a^2}{2EI}$$
$$=\frac{P(2a^3+3a^2b\cos\theta)}{6EI}$$

また，たわみ角 θ_B は

$$\theta_B=\frac{Pa^2}{2EI}+\frac{Pb\cos\theta\times a}{EI}=\frac{P(a^2+2ab\cos\theta)}{2EI}$$

である。さらにこのはりには，$Pb\sin\theta$ なるねじりモーメントが生じている。このねじりによって生じるねじれ角 φ_B は

$$\varphi_B=\frac{Pb\sin\theta\times a}{GI_p}$$

一方，BC 間は剛体であるのではり自体は変形しない。よって点Cに生じる紙面垂直方向に生じる変位 δ_C は

$$\delta_C=\delta_B+\theta_B\times b\cos\theta+\varphi_B\times b\sin\theta$$
$$=\frac{P(2a^3+3a^2b\cos\theta)}{6EI}+\frac{P(a^2b\cos\theta+2ab^2\cos^2\theta)}{2EI}+\frac{Pab^2\sin^2\theta}{GI_p}$$
$$=\frac{P(2a^3+6a^2b\cos\theta+6ab^2\cos^2\theta)}{6EI}+\frac{Pab^2\sin^2\theta}{GI_p}$$

【演習問題 7.7】曲げとねじりが同時に作用する構造の変形 1

図 7.7 に示すようなはり（曲げ剛性 EI，ねじり剛性 GI_p）が，ねじりモーメント T を受けている。点Dのたわみ δ_D とねじれ角 φ_D を求めよ。

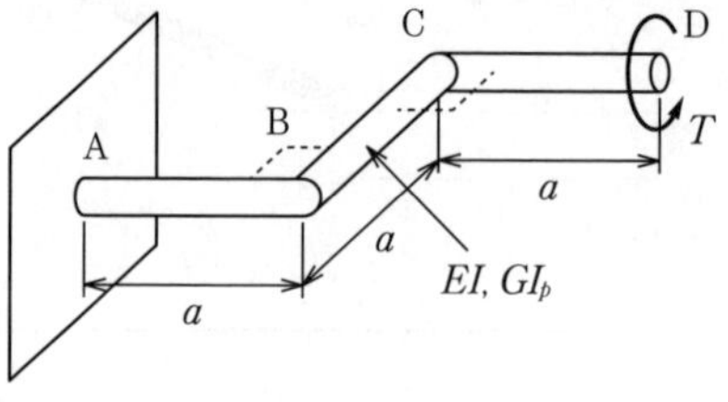

図 7.7

(解説)　まずAB，BC，CDの自由体線図を描くと，**図7.8**のように表される。

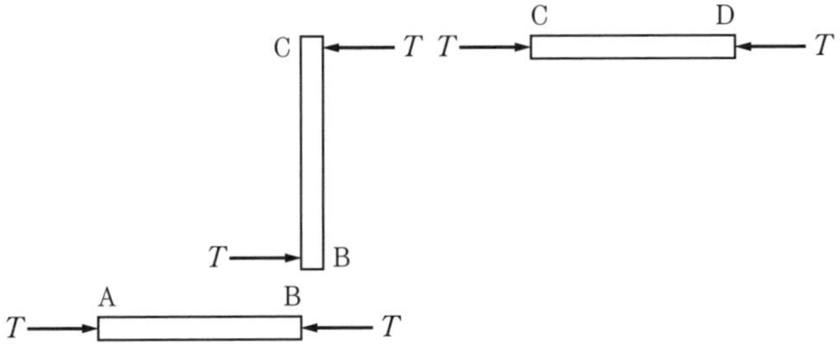

図7.8

はりABにはねじりのみ生じるので，点Bでのたわみ $\delta_B=0$ である。また，ねじれ角 φ_B は

$$\varphi_B=\frac{Ta}{GI_p}$$

一方，はりBCには曲げのみ生じる。よって点Cでのたわみ δ_C は，曲げによるはりBCのたわみとはりABでのねじれ角を考慮して

$$\delta_C=\varphi_B\times a+\frac{Ta^2}{2EI}$$

$$=\frac{Ta^2}{GI_p}+\frac{Ta^2}{2EI}$$

はりCDにはねじりのみ生じる。よって点Dでのたわみ δ_D は，点Cでのたわみ δ_C と同じであるので

$$\delta_D=\delta_C$$

$$=\frac{Ta^2}{2EI}+\frac{Ta^2}{GI_p}$$

また，点Dでのねじれ角 φ_D は

$$\varphi_D=\varphi_B+\frac{Ta}{EI}+\frac{Ta}{GI_p}$$

$$=\frac{Ta}{EI}+\frac{2Ta}{GI_p}$$

【演習問題 7.8】 曲げとねじりが同時に作用する構造の変形 2

図 7.9 に示すような，点 B がころで支持された L 形構造体（曲げ剛性 EI，ねじり剛性 GI_p）において，点 A の垂直方向変位 $\delta_{A\downarrow}$ を求めよ。

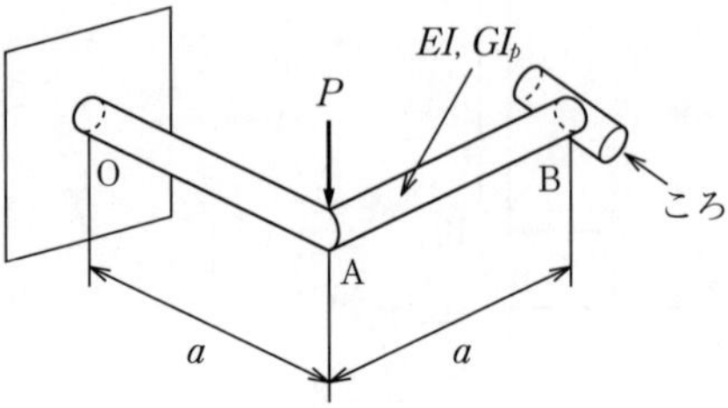

図 7.9

(解説)　もし点 B にころがなく，P だけ負荷されているなら，垂直方向変位 δ_B が下向きに生じる。しかし，点 B のころから受ける反力 R と荷重 P によって $\delta_{B\downarrow}=0$ となる。

図 7.10 のような片持はり OA の自由体線図を描くと，点 A に生じる垂直方向変位 $\delta_{A\downarrow}$ とねじれ角 φ_A はそれぞれ

$$\delta_{A\downarrow}=\frac{(P-R)a^3}{3EI}$$

$$\varphi_A=\frac{Ra\times a}{GI_p}$$

となる。したがって，点 B に生じる垂直方向変位 $\delta_{B\downarrow}$ は

$$\delta_{B\downarrow}=\delta_{A\downarrow}+\varphi_A\times a-\frac{Ra^3}{3EI}=0$$

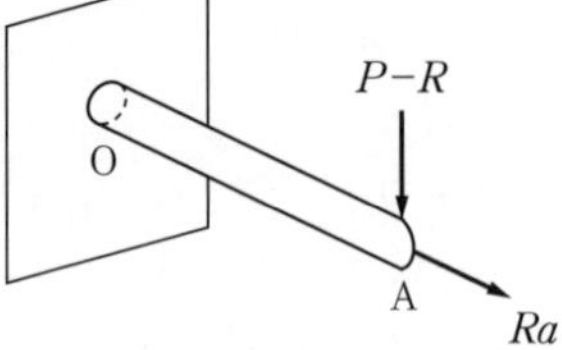

図 7.10

となることから

$$0=\frac{Pa^3}{3EI}-\frac{2Ra^3}{3EI}-\frac{Ra^3}{GI_p}$$

$$\therefore\ \frac{Pa^3}{3EI}=\left(\frac{2a^3}{3EI}+\frac{a^3}{GI_p}\right)R$$

よって，R は

$$R=\frac{\dfrac{a^3}{3EI}}{\dfrac{2a^3}{3EI}+\dfrac{a^3}{GI_p}}P$$

$$=\frac{\dfrac{1}{3}}{\dfrac{2}{3}+\dfrac{EI}{GI_p}}P$$

$$=\frac{GI_p}{2GI_p+3EI}P$$

と得られる。

したがって，点 A での垂直方向変位 $\delta_{A\downarrow}$ は

$$\delta_{A\downarrow}=\frac{(P-R)a^3}{3EI}$$

$$=\frac{GI_p+3EI}{2GI_p+3EI}\frac{Pa^3}{3EI}$$

となる。

【演習問題 7.9】曲げとねじりが同時に作用する構造の変形 3

図 7.11 に示すようなコの字形のはり（曲げ剛性 EI，ねじり剛性 GI_p）において

（1）点 B での紙面垂直方向変位 δ_B を求めよ。

（2）点 C での紙面垂直方向変位 δ_C を求めよ。

（3）点 D での紙面垂直方向変位 δ_D を求めよ。

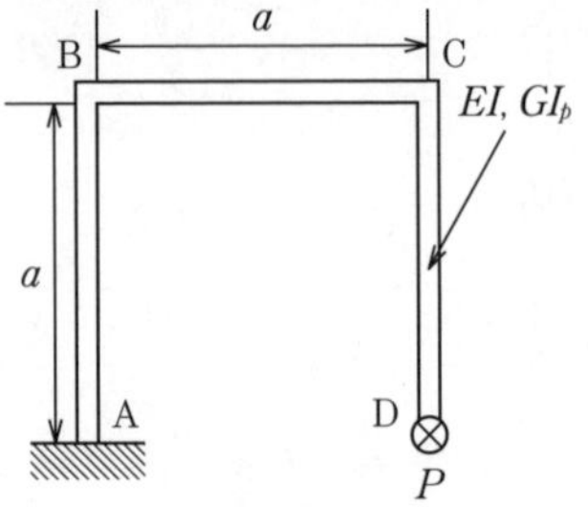

図 7.11

(解説)

（1）まず，AB，BC，CD のそれぞれの自由体線図を描くと，**図 7.12** のように表される。

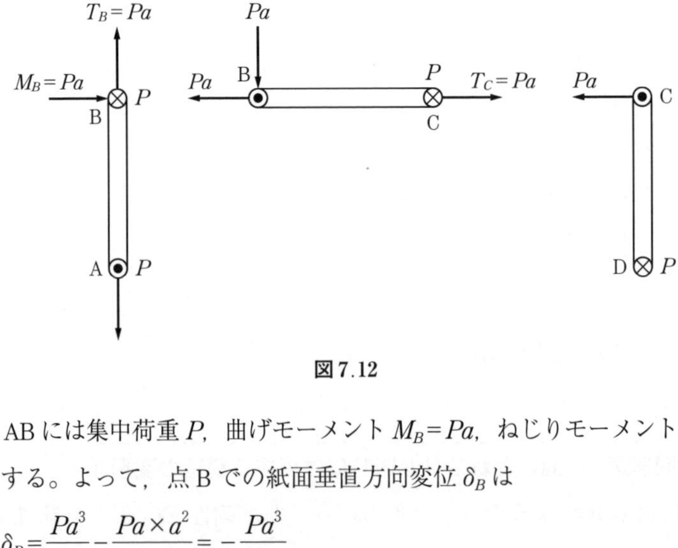

図 7.12

はり AB には集中荷重 P，曲げモーメント $M_B=Pa$，ねじりモーメント $T_B=Pa$ が作用する。よって，点 B での紙面垂直方向変位 δ_B は

$$\delta_B=\frac{Pa^3}{3EI}-\frac{Pa\times a^2}{2EI}=-\frac{Pa^3}{6EI}$$

（2）はり BC には集中荷重 P，ねじりモーメント $T_B=Pa$ が作用する。よって点 C での紙面垂直方向変位 δ_C は

$$\delta_C=-\frac{Pa^3}{6EI}+\varphi_B\times a+\frac{Pa^3}{3EI}=\frac{Pa^3}{3EI}+\frac{Pa^3}{GI_p}-\frac{Pa^3}{6EI}$$

$$\varphi_B=\frac{Pa\times a}{GI_p}$$

$$\therefore\ \delta_C=\frac{Pa^3}{6EI}+\frac{Pa^3}{GI_p}$$

（3）はり CD には集中荷重 P が作用する。よって点 D での紙面垂直方向変位 δ_D は

$$\delta_D=\delta_C-\theta_B\times a+\varphi_{BC}\times a+\frac{Pa^3}{3EI}$$

$$\theta_B=\frac{Pa^2}{EI}-\frac{Pa^2}{2EI}=\frac{Pa^2}{2EI}$$

$$\therefore\ \delta_D=\frac{Pa^3}{6EI}+\frac{Pa^3}{GI_p}-\frac{Pa^2}{2EI}\times a+\frac{Pa^3}{GI_p}\times a+\frac{Pa^3}{3EI}=\frac{2Pa^3}{GI_p}$$

【演習問題 7.10】曲げとねじりが同時に作用する構造の変形 4

図 7.13 に示すように，はり AB，BC，CD からなる構造物（曲げ剛性 EI，ねじり剛性 GI_p）の点 D に，荷重 P が作用している。点 D でのたわみ δ_D とたわみ角 θ_D を求めよ。ただし，AB 間，BC 間，BD 間はすべて長さを a とする。

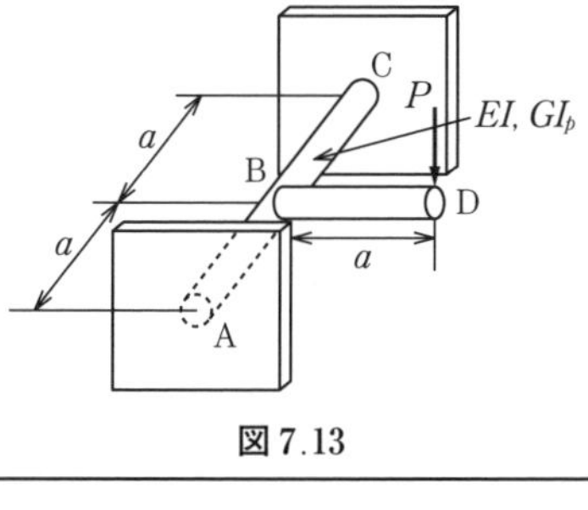

図 7.13

解説　この問題では ABC のみに注目し，**図 7.14** のモデル（a），（b）を考える。以下では，点 B におけるモデル（a）のたわみ δ_B とモデル（b）のねじれ角 φ_B を求める。

モデル（a）は，**図 7.15** のように片持はりが 4 本合わさったものと考えることができる。点 B でのたわみ δ_B はこの片持はりのたわみの 2 倍であるので

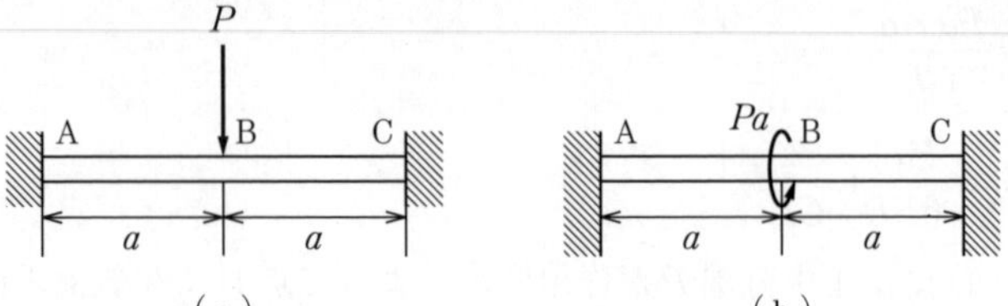

（a）　（b）

図 7.14

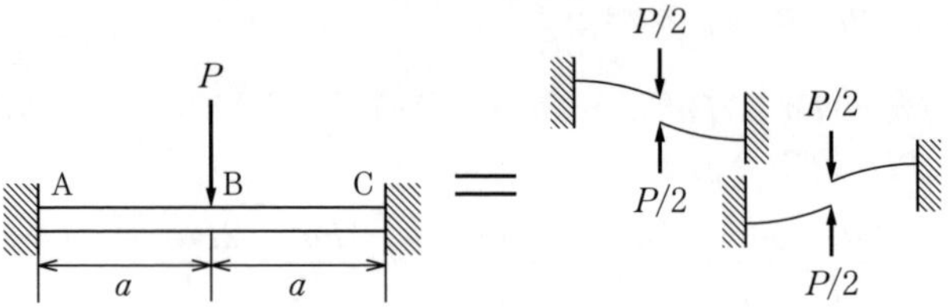

図 7.15

$$\delta_B=\frac{\frac{1}{2}P\times\left(\frac{1}{2}a\right)^3}{3EI}\times 2$$

$$=\frac{Pa^3}{24EI}$$

一方，モデル（b）における点Bでのねじれ角 φ_B は，半分のねじりモーメント $T=Pa/2$ が左右の AB，BC に作用するので

$$\varphi_B=\frac{Pa^2}{2GI_p}$$

よって，点Dでのたわみ δ_D は，点Bの曲げとねじりによる変形と BD の変形を加えて

$$\delta_D=\delta_B+\frac{Pa^3}{3EI}+\varphi_B\times a$$

$$=\frac{9Pa^3}{24EI}+\frac{Pa^3}{2GI_p}$$

$$=\frac{3Pa^3}{8EI}+\frac{Pa^3}{2GI_p}$$

また，点Dでのたわみ角 θ_D は

$$\theta_D = \varphi_B + \frac{Pa^2}{2EI}$$

$$= \frac{Pa^2}{2EI} + \frac{Pa^2}{2GI_p}$$

【演習問題 7.11】曲げとねじりが同時に作用する構造の変形 5

図 7.16 に示すように，針金 CD（伸び剛性 EA，線膨張係数 α）が L 形はり ABC（曲げ剛性 EI，ねじり剛性 GI_p）と剛体壁 D 間に張られている。針金のみ ΔT だけ温度低下するとき，針金の引張力 S を求めよ。

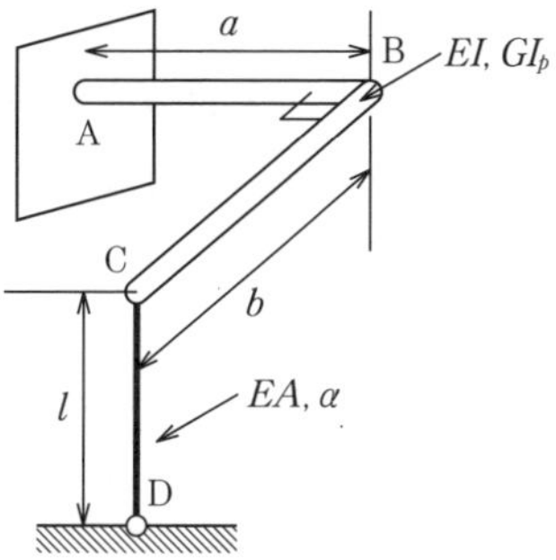

図 7.16

解説　針金 CD に温度低下が生じると線材が縮み，L 形はりには**図 7.17** のように下向きの荷重（引張力）S が生じる。また，針金にはその反作用により引張荷重が生じる。

このL形はりの先端に生じるたわみ δ_C は，針金の温度低下による縮み量と引張荷重による伸び量の関係から，以下の式で表される。

$$\delta_C = -\frac{Sl}{EA} + \alpha l \Delta T$$

これを整理すると

$$\delta_C = \frac{Sa^3}{3EI} + \frac{Sba}{GI_p} \times b + \frac{Sb^3}{3EI}$$

$$= -\frac{Sl}{EA} + \alpha l \Delta T$$

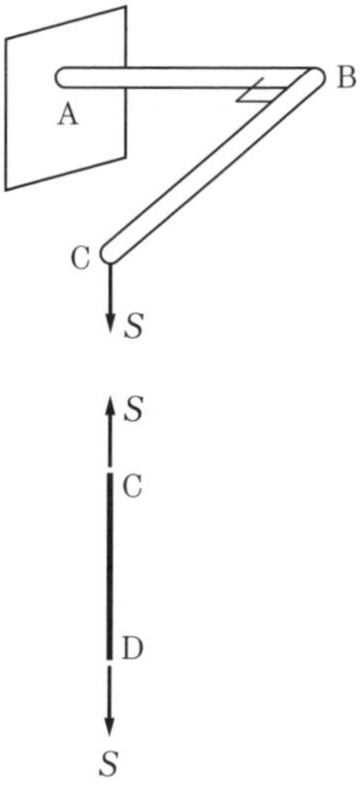

図 7.17

よって，針金の引張力 S は

$$\frac{S(a^3+b^3)}{3EI}+\frac{Sab^2}{GI_p}+\frac{Sl}{EA}=\alpha l\Delta T$$

$$\therefore\ S=\frac{\alpha l\Delta T}{\dfrac{a^3+b^3}{3EI}+\dfrac{ab^2}{GI_p}+\dfrac{l}{EA}}$$

【演習問題 7.12】 曲げとねじりが同時に作用する構造の変形 6

図 7.18 に示すようなはり（曲げ剛性 EI，ねじり剛性 GI_p）に，荷重 P が作用している。点 C での垂直方向変位 $\delta_{C\downarrow}$ を求めよ。

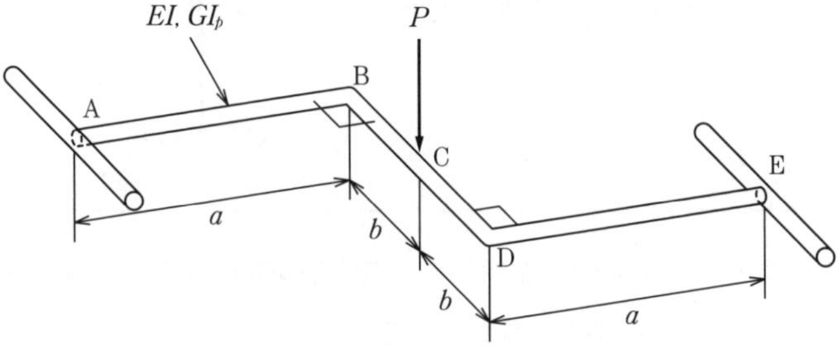

図 7.18

(解説)　本問では対称性があるので，**図 7.19** のようなハーフモデルを考える。このハーフモデルの先端の垂直方向変位 $\delta_{E\uparrow}$ は，点 C での垂直方向変位 $\delta_{C\downarrow}$ と等しい。なお，CD 間では曲げとねじり，DE 間では曲げのみが作用している。

点 D でのたわみ δ_D は

$$\delta_D=\frac{\dfrac{1}{2}Pb^3}{3EI}=\frac{Pb^3}{6EI}$$

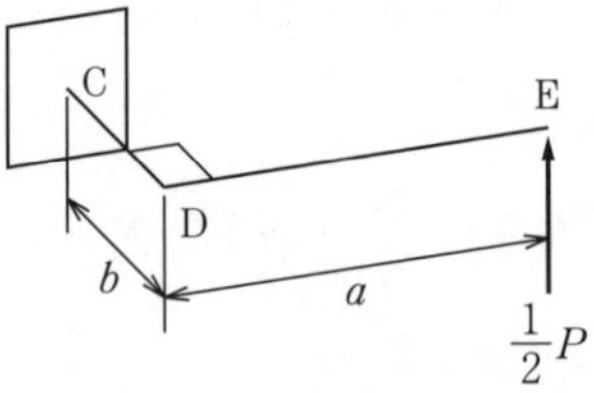

図 7.19

点 D でのねじれ角 φ_D は

$$\varphi_D=\frac{\dfrac{1}{2}Pa\times b}{GI_p}=\frac{Pab}{2GI_p}$$

したがって，はりの垂直方向変位 $\delta_{E\uparrow}=\delta_{C\downarrow}$ は

$$\delta_{C\downarrow}=\delta_{E\uparrow}=\frac{Pb^3}{6EI}+\frac{Pab}{2GI_p}\times a+\frac{\frac{1}{2}Pa^3}{3EI}$$

$$=\frac{P(a^3+b^3)}{6EI}+\frac{Pa^2b}{2GI_p}$$

章 末 問 題

【7.1】

図 7.20 のような鋼製の軸（丸棒）に，曲げモーメント $M=1$ kN·m とねじりモーメント $T=2$ kN·m が同時に作用する。鋼の許容引張応力 $\sigma_a=120$ MPa，許容せん断応力 $\tau_a=60$ MPa のとき，軸の直径 d を求めよ。

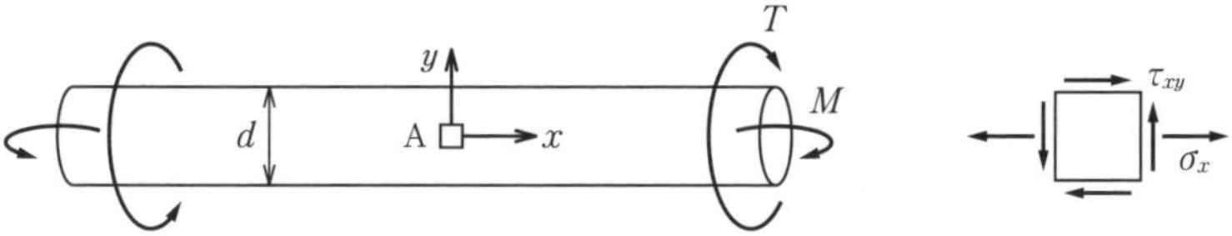

図 7.20

【7.2】

図 7.21 に示すように，L 形はり ABC（曲げ剛性 EI，ねじり剛性 GI_p）の点 B に垂直荷重 P が作用し，先端の点 C がばね定数 k のばねで支えられている。点 C の垂直方向変位 δ_C を求めよ。

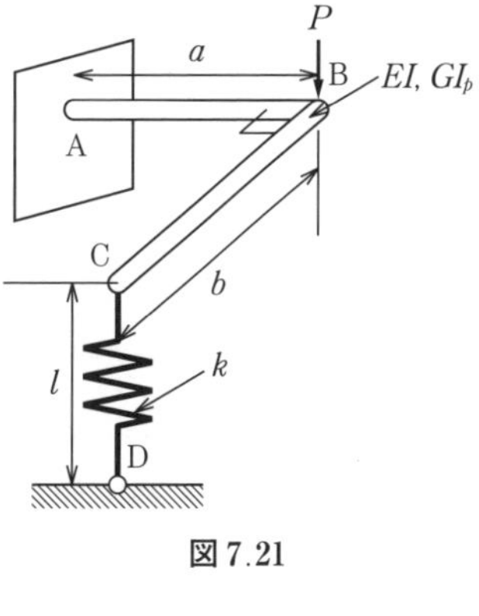

図 7.21

8

エネルギー法・カスティリアーノの定理

材料は荷重の作用によって変形するため，荷重の作用を外部エネルギー（仕事）と考えれば，そのエネルギーは変形した材料に蓄積される。エネルギー保存則に基づいた変位の計算方法をエネルギー法といい，それにおいて重要なカスティリアーノの定理は演習問題8.4で具体的に説明する。円弧はりの計算では特に便利な手法であり，7章までの変形の問題もエネルギー法で容易に解ける場合があるのでチャレンジしてほしい。

【演習問題8.1】引張りを受ける棒のひずみエネルギー

図8.1に示すように棒（伸び剛性 EA）に引張荷重 P が作用するとき，棒に蓄えられるひずみエネルギー U を求めよ。

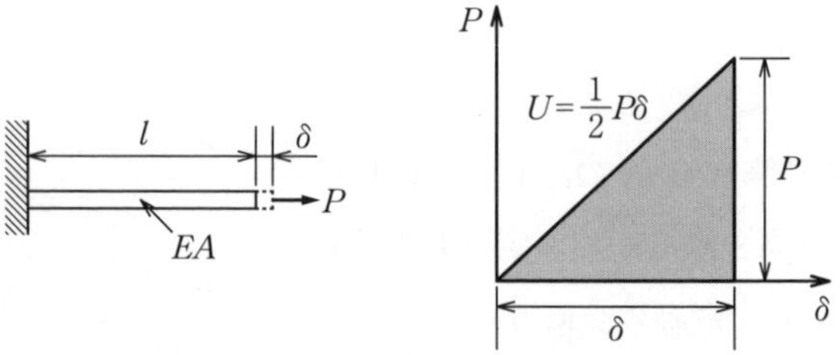

図8.1

(解説)　弾性体に蓄えられるひずみエネルギーは，外力によってその弾性体に対してなされた仕事に等しい。図より，引張荷重 P と棒の伸び δ の関係は

$$\delta=\frac{Pl}{EA} \quad \rightarrow \quad P=\frac{EA}{l}\delta=k\delta$$

これは，ばね定数 $k=EA/l$ のばねと同じ関係である。したがって，棒に蓄

えられるひずみエネルギー U は

$$U=\int_0^\delta P d\delta=\int_0^\delta k\delta d\delta=\frac{1}{2}k\delta^2=\frac{1}{2}P\delta=\frac{1}{2}P\frac{Pl}{EA}$$

$$=\frac{P^2 l}{2EA}$$

【演習問題 8.2】 ねじりを受ける棒のひずみエネルギー

図 8.2 に示すように，丸棒（ねじり剛性 GI_p）にねじりモーメント T が作用している。丸棒に蓄えられるひずみエネルギー U を求めよ。

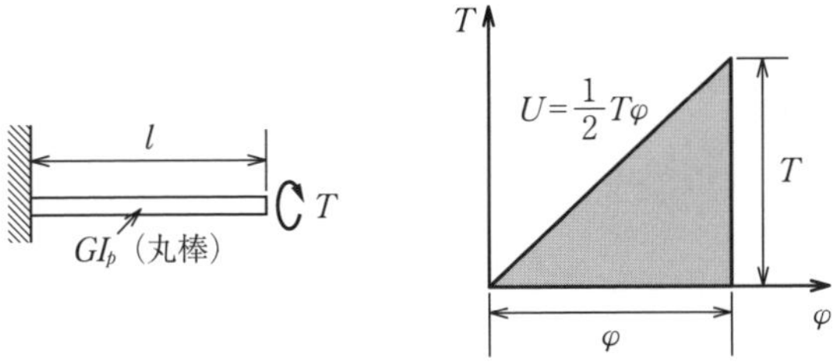

図 8.2

解説　図より，ねじりモーメント T とそれが作用する丸棒のねじれ角 φ との関係は

$$\varphi=\frac{Tl}{GI_p}\quad\rightarrow\quad T=\frac{GI_p}{l}\varphi$$

であり，T と φ は比例関係である。したがって，棒に蓄えられるひずみエネルギー U は

$$U=\frac{1}{2}T\varphi$$

$$=\frac{T^2 l}{2GI_p}$$

【演習問題 8.3】 曲げを受ける棒のひずみエネルギー

図 8.3 に示すように，曲げ剛性 EI の片持はりに曲げモーメント M が作用している。はりに蓄えられるひずみエネルギー U を求めよ。

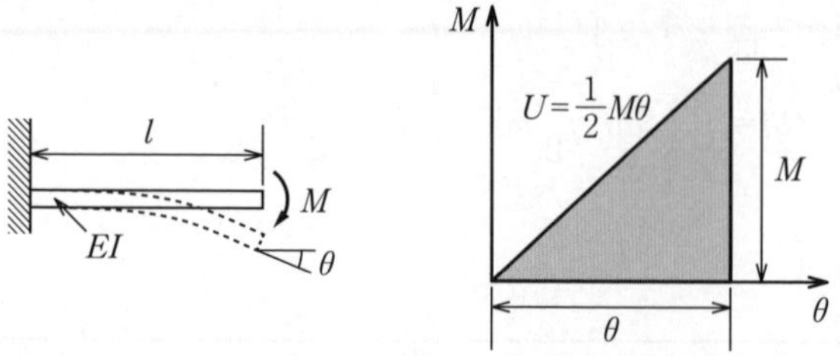

図 8.3

（解説）　図より，モーメント M とそれが作用する片持はりのたわみ角 θ との関係は

$$\theta = \frac{Ml}{EI} \quad \rightarrow \quad M = \frac{EI}{l}\theta$$

であり，M と θ は比例関係である。したがって，棒に蓄えられるひずみエネルギー U は

$$U = \frac{1}{2}M\theta$$
$$= \frac{M^2 l}{2EI}$$

なお，はりに生じる曲げモーメント M ははりの長手方向の位置 x によって変化することが多いので，次式のように積分で求めることが多い。

$$U = \int_0^l \frac{M^2}{2EI}dx$$

【演習問題 8.4】カスティリアーノの定理の導出

図 8.4 に示すように，先端①に集中荷重 P_1，中間②に集中荷重 P_2 が作用する片持はりがある。ここで，δ_{ij} は点 j に荷重 P_j が作用するときの，点 i の荷重 P_i 方向変位とする。以下の問に答えよ。

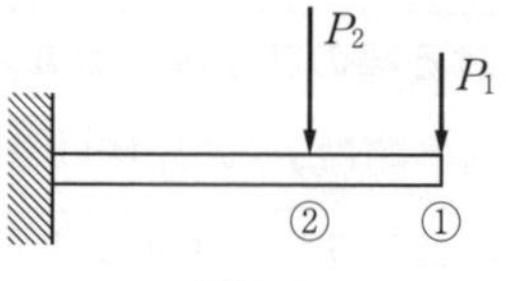

図 8.4

（1）集中荷重 P_1 のみが作用する場合（$P_2=0$）のひずみエネルギー U_1 を求めよ。

（2）まず集中荷重 P_1 が作用し，その後に荷重 P_2 が作用するときの全ひずみエネルギー U を求めよ。

（3）まず集中荷重 $P_1+\Delta P_1$ が作用し，その後に荷重 P_2 が作用するときのひずみエネルギー $U+\Delta U$ を求めよ。また荷重 P_1 が ΔP_1 増加したことによるひずみエネルギーの増加量 ΔU を求め，ΔU と ΔP_1 の関係を導け。

解説

（1）集中荷重 P_1 によって，荷重点①は P_1 方向に δ_{11} だけ変位する（**図 8.5**）。このとき荷重の増加に伴って変位が生じるので，集中荷重 P_1 のなす仕事は $W_1=P_1\delta_{11}$ ではなく $W_1=P_1\delta_{11}/2$ となる。したがって，外力のなす仕事がはりのひずみエネルギー U_1 として蓄えられるため，$U_1=W_1$ より

$$U_1=\frac{1}{2}P_1\delta_{11}$$

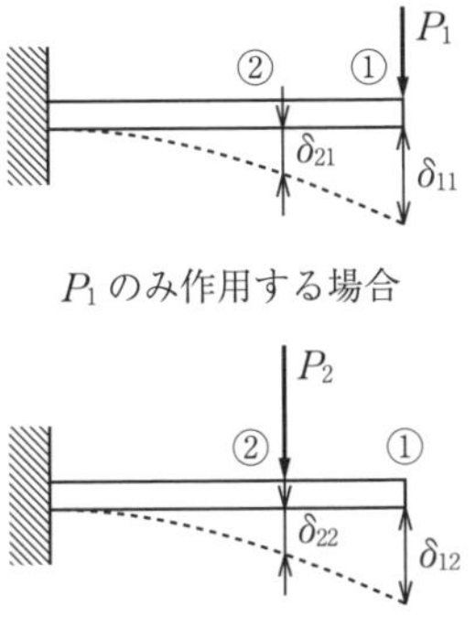

P_1 のみ作用する場合

P_2 のみ作用する場合

図 8.5

（2）まず，集中荷重 P_1 が作用したときのひずみエネルギーは $P_1\delta_{11}/2$ となる。つぎに，集中荷重 P_2 を負荷することによって荷重点②は δ_{22} だけ変位するので，そのエネルギーは $P_2\delta_{22}/2$ となる。その際，荷重点①は δ_{12} だけ変位するが，荷重 P_1 は最初から作用しているので，$W=P_1\delta_{12}$ の仕事をする。したがって，そのときの全ひずみエネルギー U は

$$U=\frac{1}{2}P_1\delta_{11}+P_1\delta_{12}+\frac{1}{2}P_2\delta_{22}$$

（3）集中荷重 P_1 が $P_1+\Delta P_1$ に増加すれば，それによる点①の変位 δ_{11} は $\delta_{11}\times(P_1+\Delta P_1)/P_1$ に増加する。したがって，この場合のひずみエネルギー

$U+\Delta U$はつぎのようになる。

$$U+\Delta U=\frac{1}{2}(P_1+\Delta P_1)\delta_{11}\frac{P_1+\Delta P_1}{P_1}+(P_1+\Delta P_1)\delta_{12}+\frac{1}{2}P_2\delta_{22}$$

一方，荷重がΔP_1だけ増加したことによるひずみエネルギーの増加量ΔUは，（2）の結果との差を求めればよい。

$$\Delta U=\left\{\frac{1}{2}(P_1+\Delta P_1)\delta_{11}\frac{P_1+\Delta P_1}{P_1}+(P_1+\Delta P_1)\delta_{12}+\frac{1}{2}P_2\delta_{22}\right\}$$
$$-\left(\frac{1}{2}P_1\delta_{11}+P_1\delta_{12}+\frac{1}{2}P_2\delta_{22}\right)=\Delta P_1\delta_{11}+\frac{1}{2}\frac{(\Delta P_1)^2}{P_1}\delta_{11}+\Delta P_1\delta_{12}$$
$$=\Delta P_1(\delta_{11}+\delta_{12})+\frac{1}{2}\frac{(\Delta P_1)^2}{P_1}\delta_{11}$$

ここで，$\delta_{11}+\delta_{12}$は点①の全変位であるからδ_1と置ける。また，高次の微小量$(\Delta P_1)^2$は無視できるので

$$\Delta U\cong\Delta P_1(\delta_{11}+\delta_{12})=\Delta P_1\delta_1$$

したがって

$$\frac{\partial U}{\partial P_1}=\delta_1$$

ひずみエネルギーUを集中荷重P_1で偏微分すれば，P_1が作用する点の荷重方向変位δ_1が得られることがわかる。これを**カスティリアーノの定理**という。

【演習問題 8.5】エネルギー法の応用 1

図 8.6に示すように，はり ABC が線材によって支持されている。線材の伸び剛性をEA，はり ABC を剛体とするとき

（1）点 B での垂直方向変位δ_Bを求めよ。

（2）線材が蓄えるひずみエネルギーUを求めよ。

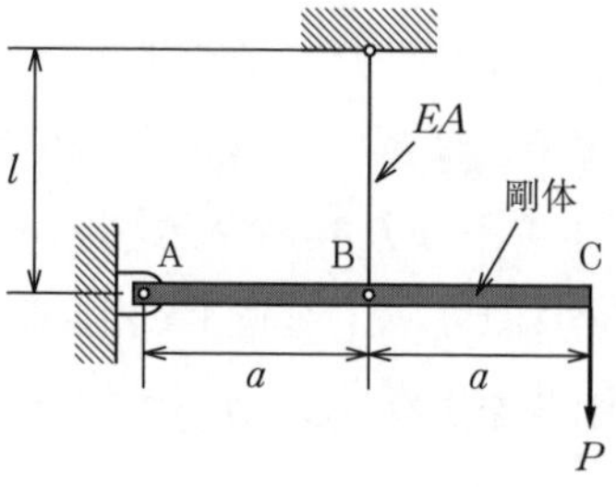

図 8.6

（3）点 C での垂直方向変位δ_Cを求めよ。

(解説) 各部材の自由体線図を描くと，**図 8.7** のようになる。

（1）点 B での垂直方向変位 δ_B は線材の伸びと同じとなる。

したがって

$$\delta_B = \frac{2Pl}{EA}$$

（2）線材が蓄えるひずみエネルギーは

$$U = \frac{1}{2} \times 2P \times \frac{2Pl}{EA} = \frac{2P^2 l}{EA}$$

（3）点 C での垂直方向変位 δ_C は，荷重 P による仕事とひずみエネルギー U が等しいことから

$$\frac{1}{2} P\delta_C = U$$

$$= \frac{2P^2 l}{EA}$$

$$\therefore \delta_C = \frac{4Pl}{EA}$$

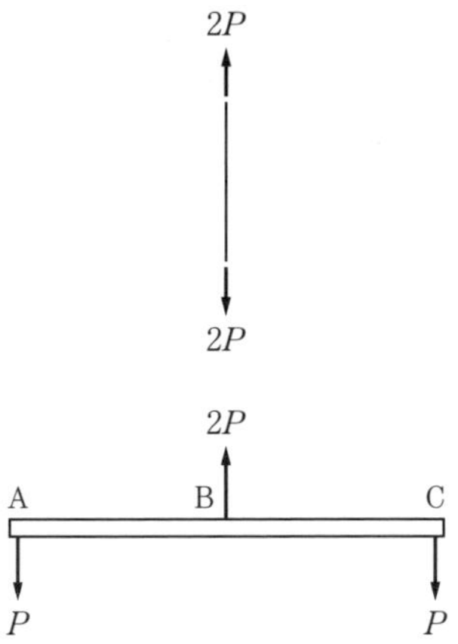

図 8.7

【演習問題 8.6】エネルギー法の応用 2

図 8.8 に示すように，はり CDE が 3 本の 2 力部材によって支持されている。2 力部材の伸び剛性を EA，部材 CDE を剛体とするとき

（1）各部材の自由体線図を描け。

（2）2 力部材が蓄えるひずみエネルギー U_{AB}, U_{BD}, U_{BE} を求めよ。

（3）点 E の垂直方向変位 δ_E を求めよ。

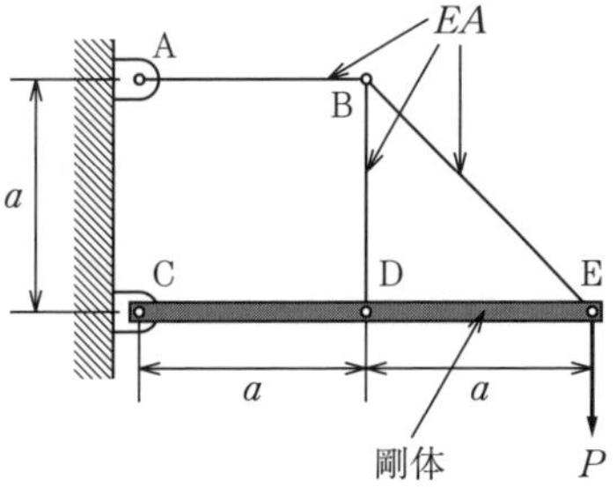

図 8.8

解説

（1）全体の自由体線図を描くと**図 8.9** のようになる。また，ピン B の自由体線図を描くと**図 8.10** のようになる。

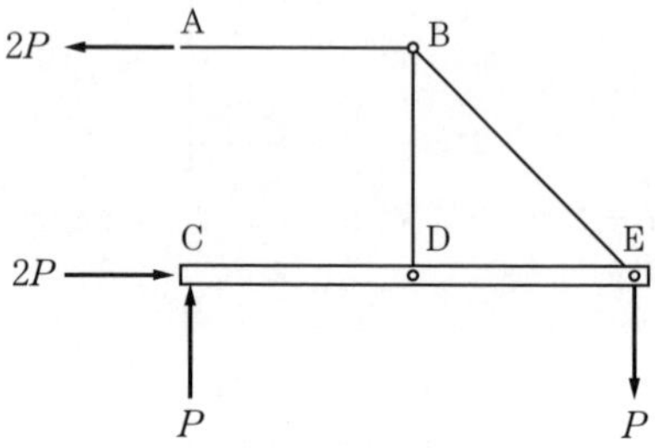

図 8.9

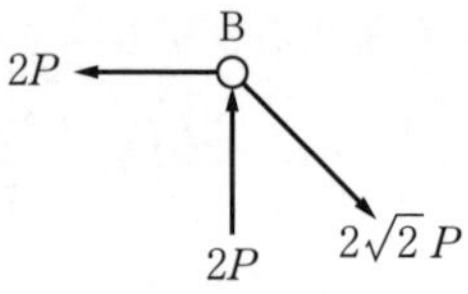

図 8.10

よって，各部材の自由体線図は**図 8.11，8.12** のようになる。

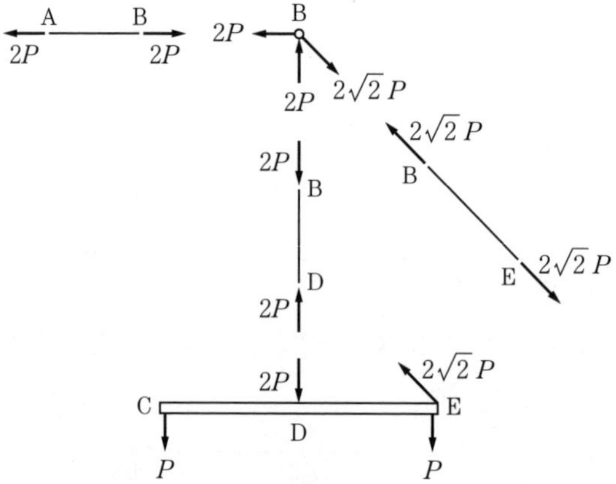

図 8.11

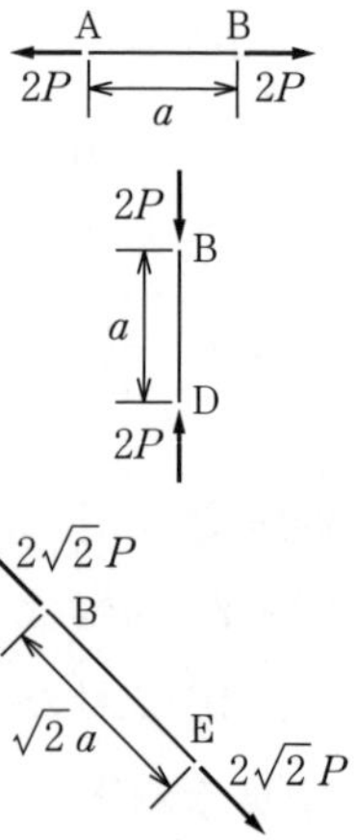

図 8.12

（2）2 力部材が蓄えるひずみエネルギーは，それぞれ

$$U_{AB}=U_{BD}=\frac{1}{2}\times 2P\times\frac{2Pa}{EA}$$

$$=\frac{2P^2a}{EA}$$

$$U_{BE}=\frac{1}{2}\times 2\sqrt{2}\,P\times\frac{2\sqrt{2}\,P\times\sqrt{2}\,a}{EA}$$

$$=\frac{4\sqrt{2}\,a}{EA}$$

（3）点 E での垂直方向変位 δ_E は

$$\frac{1}{2}P\delta_E=U_{AB}+U_{BE}+U_{BD}=\frac{2P^2a}{EA}\times 2+\frac{4\sqrt{2}\,a}{EA}$$

$$\frac{1}{2}P\delta_E=\frac{4(1+\sqrt{2})P^2a}{EA}$$

$$\therefore\ \delta_E=\frac{8(1+\sqrt{2})Pa}{EA}$$

【演習問題 8.7】エネルギー法の応用 3

図 8.13 に示す構造物（曲げ剛性 EI）において

（1）点 E での垂直方向変位 $\delta_{E\downarrow}$ を求めよ。

（2）断面 F-F における最大垂直応力 $\sigma_{\max}$ を求めよ。ただし，断面の形状は $b\times h$ の長方形である。

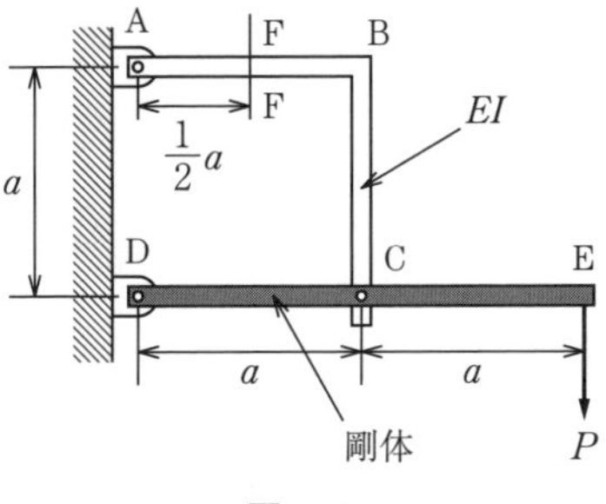

図 8.13

解説

（1）部材 ABC の自由体線図は**図 8.14** のように表される。このとき，この部材が蓄えるひずみエネルギーは**図 8.15** の片持はり 2 本分のそれに等しい。

したがって，ひずみエネルギー U_{ABC} は

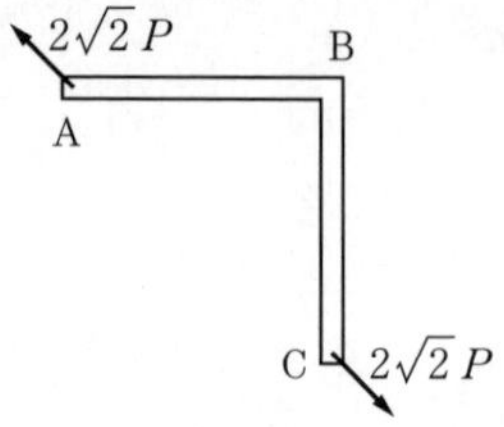

図 8.14

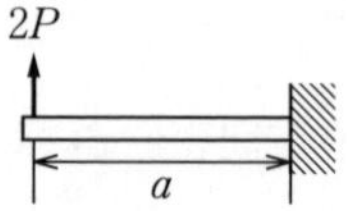

図 8.15

$$U_{ABC}=\frac{1}{2}\times 2P\times\frac{2Pa^3}{3EI}\times 2$$

$$=\frac{4P^2a^3}{3EI}$$

よって，点 E での垂直方向変位 $\delta_{E\downarrow}$ は

$$\frac{1}{2}P\delta_{E\downarrow}=\frac{4P^2a^3}{3EI}$$

$$\therefore\ \delta_{E\downarrow}=\frac{8Pa^3}{3EI}$$

（2）断面 F-F に生じる引張力は $2P$，曲げモーメントは $M=Pa$ であり，断面2次モーメント I は $I=bh^3/12$ である。したがって，断面 F-F に生じる最大曲げ応力は

$$\sigma_M=\frac{Pa\times\dfrac{h}{2}}{\dfrac{bh^3}{12}}$$

$$=\frac{6Pa}{bh^2}$$

一方，引張りによって生じる垂直応力 σ_T は

$$\sigma_T=\frac{2P}{bh}$$

したがって，断面 F-F に生じる最大垂直応力 $\sigma_{\max}$ は

$$\sigma_{\max}=\sigma_M+\sigma_T$$

$$=\frac{6Pa}{bh^2}+\frac{2P}{bh}$$

【演習問題 8.8】曲がりはりのたわみ 1

図 8.16 に示すような，曲げ剛性 EI の曲がりはりにおいて

（1）θ の位置に生じる曲げモーメント $M(\theta)$ を求めよ。

（2）点 B での水平方向変位 $\delta_{B\to}$ を求めよ。

（3）点 B での垂直方向変位 $\delta_{B\downarrow}$ を求めよ。

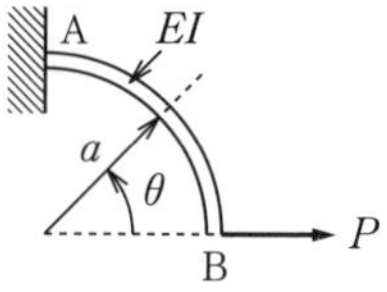

図 8.16

解説

（1）曲がりはりの θ の位置に生じる曲げモーメント $M(\theta)$ を，水平方向の荷重 P と垂直方向のダミーロード（仮想荷重）Q を用いて表すと**図 8.17**，および以下のようになる。

$$M(\theta)=Pa\sin\theta-Qa(1-\cos\theta)$$

（2）点 B での水平方向変位 $\delta_{B\to}$ はカスティリアーノの定理より

$$\begin{aligned}\delta_{B\to}&=\left.\frac{\partial U}{\partial P}\right|_{Q=0}=\left.\frac{\partial U}{\partial M(\theta)}\frac{\partial M(\theta)}{\partial P}\right|_{Q=0}\\&=\int_0^{\frac{\pi}{2}}\frac{1}{EI}Pa\sin\theta\times a\sin\theta\times ad\theta\\&=\frac{Pa^3}{EI}\int_0^{\frac{\pi}{2}}\left(\frac{1}{2}-\frac{1}{2}\cos2\theta\right)d\theta\\&=\frac{Pa^3}{EI}\left[\frac{1}{2}\theta-\frac{1}{4}\sin2\theta\right]_0^{\frac{\pi}{2}}\\&=\frac{\pi Pa^3}{4EI}\end{aligned}$$

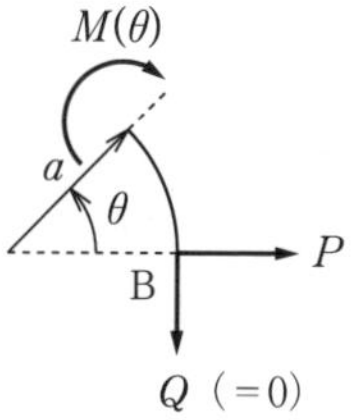

図 8.17

（3）点 B での垂直方向変位 $\delta_{B\downarrow}$ も同様にカスティリアーノの定理より

$$\begin{aligned}\delta_{B\downarrow}&=\left.\frac{\partial U}{\partial Q}\right|_{Q=0}=\left.\frac{\partial U}{\partial M(\theta)}\frac{\partial M(\theta)}{\partial Q}\right|_{Q=0}\\&=\int_0^{\frac{\pi}{2}}\frac{1}{EI}(-Pa\sin\theta)\times a(1-\cos\theta)\times ad\theta\end{aligned}$$

$$= -\frac{Pa^3}{EI}\int_0^{\frac{\pi}{2}}\left(\sin\theta - \frac{1}{2}\sin 2\theta\right)d\theta = -\frac{Pa^3}{EI}\left[-\cos\theta + \frac{1}{4}\cos 2\theta\right]_0^{\frac{\pi}{2}}$$

$$= -\frac{Pa^3}{EI}\left(1 - \frac{1}{2}\right)$$

$$= -\frac{Pa^3}{2EI}$$

【演習問題 8.9】 曲がりはりのたわみ 2

図 8.18 に示すような，点 A,C をピン止めされた曲げ剛性 EI のリングに荷重 P が作用している。

（1）θ の位置の曲げモーメント $M(\theta)$ を求めよ。

（2）BD 間距離の増加量 δ_{BD} を求めよ。

（3）AC 間距離の増加量 δ_{AC} を求めよ。

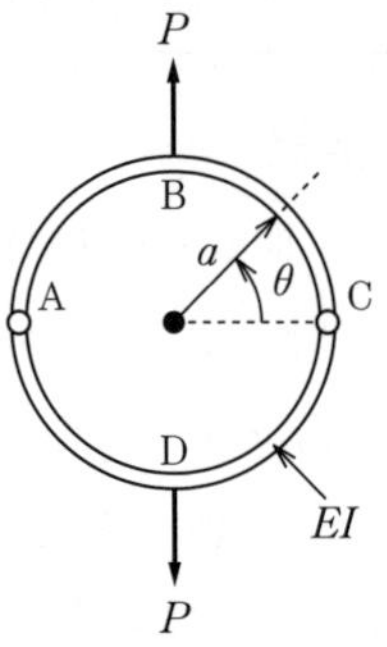

図 8.18

解説

（1）まず，構造の対称性から**図 8.19** のようなクォーターモデルを考える。

このとき，θ の位置に生じる曲げモーメント $M(\theta)$ は横方向のダミーロード Q（$=0$）も考慮して

$$M(\theta) = \frac{1}{2}Pa(1 - \cos\theta) - Qa\sin\theta$$

である（**図 8.20**）。

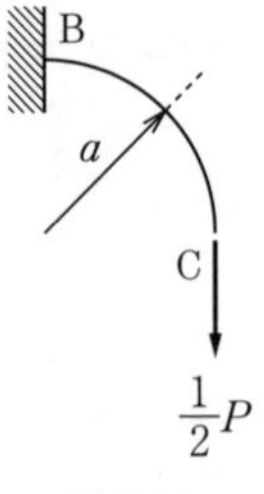

図 8.19

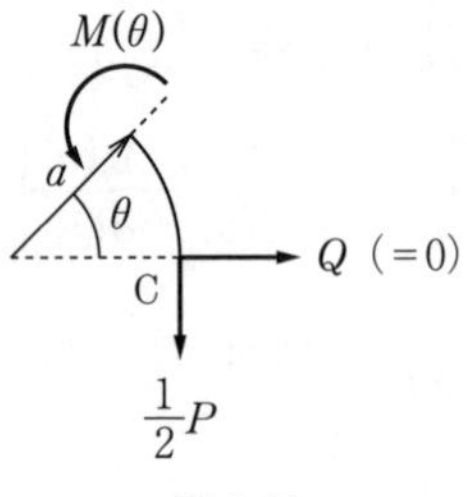

図 8.20

（2）このクォーターモデルのはりが蓄えるひずみエネルギー U は

$$U=\int_0^{\frac{\pi}{2}}\frac{(M(\theta))^2}{2EI}ad\theta$$

$$=\frac{a}{2EI}\int_0^{\frac{\pi}{2}}\left\{\frac{1}{2}Pa(1-\cos\theta)-Qa\sin\theta\right\}^2d\theta$$

BD 間距離の増加量 δ_{BD} はカスティリアーノの定理から

$$\frac{1}{2}\delta_{BD}=\frac{\partial U}{\partial\left(\frac{1}{2}P\right)}$$

で得られる。したがって

$$\frac{1}{2}\delta_{BD}=\frac{a}{EI}\int_0^{\frac{\pi}{2}}\left\{\frac{1}{2}Pa(1-\cos\theta)\right\}\times a(1-\cos\theta)d\theta\Big|_{Q=0}$$

$$=\frac{Pa^3}{2EI}\int_0^{\frac{\pi}{2}}\left(1-2\cos\theta+\frac{1+\cos 2\theta}{2}\right)d\theta$$

$$=\frac{Pa^3}{2EI}\left[\theta-2\sin\theta+\frac{1}{2}\theta+\frac{1}{4}\sin 2\theta\right]_0^{\frac{\pi}{2}}$$

$$=\frac{Pa^3}{2EI}\left(\frac{\pi}{2}-2+\frac{\pi}{4}+0\right)$$

$$=\frac{Pa^3}{2EI}\left(\frac{3}{4}\pi-2\right)$$

$$=\frac{(3\pi-8)Pa^3}{8EI}$$

$$\therefore\ \delta_{BD}=\frac{(3\pi-8)Pa^3}{4EI}$$

（3）AC 間距離の増加量 δ_{AC} も同様にカスティリアーノの定理から

$$\frac{1}{2}\delta_{AC}=\frac{\partial U}{\partial Q}$$

で得られる。したがって

$$\frac{1}{2}\delta_{AC}=\frac{-a}{EI}\int_0^{\frac{\pi}{2}}\left\{\frac{1}{2}Pa(1-\cos\theta)\right\}\times a\sin\theta d\theta\Big|_{Q=0}$$

$$\frac{1}{2}\delta_{AC}=\frac{-Pa^3}{2EI}\int_0^{\frac{\pi}{2}}\left(\sin\theta-\frac{1}{2}\sin 2\theta\right)d\theta$$

$$=\frac{-Pa^3}{2EI}\left[-\cos\theta+\frac{1}{4}\cos 2\theta\right]_0^{\frac{\pi}{2}}$$

$$=\frac{-Pa^3}{2EI}\left(1-\frac{1}{2}\right)$$

$$\therefore\ \delta_{AC}=-\frac{Pa^3}{4EI}$$

【演習問題 8.10】 曲がりはりのたわみ 3

図 8.21 に示すような，点 A, C をピン止めされた曲げ剛性 EI のリングに Q が作用するとき

（1）θ の位置の曲げモーメント $M(\theta)$ を求めよ。

（2）BD 間距離の増加量 δ_{BD} を求めよ。

（3）AC 間距離の増加量 δ_{AC} を求めよ。

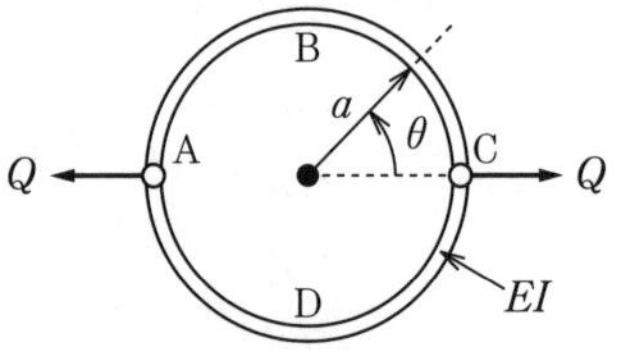

図 8.21

解説

（1）まず，構造の対称性から**図 8.22** のようなクォーターモデルを考える。このとき，θ の位置に生じる曲げモーメント $M(\theta)$ は，縦方向のダミーロード P（$=0$）も考慮して

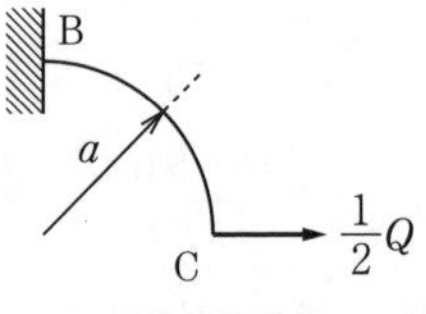

図 8.22

$$M(\theta)=Pa(1-\cos\theta)-\frac{1}{2}Qa\sin\theta$$

である（**図 8.23**）。

（2）このクォーターモデルのはりが蓄えるひずみエネルギー U は

$$U=\int_0^{\frac{\pi}{2}}\frac{(M(\theta))^2}{2EI}a\,d\theta$$

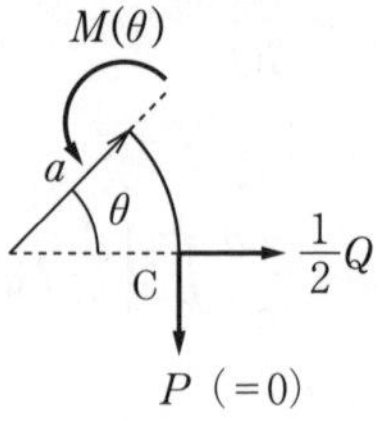

図 8.23

$$=\frac{a}{2EI}\int_0^{\frac{\pi}{2}}\left\{Pa(1-\cos\theta)-\frac{1}{2}Qa\sin\theta\right\}^2 d\theta$$

BD 間の距離の増加量 δ_{BD} はカスティリアーノの定理から，BC に注目するクォーターモデルから求まる点 C の垂直方向変位 $\delta_{C\downarrow}$ の 2 倍となり

$$\delta_{BD}=\delta_{C\downarrow}=2\times\frac{\partial U}{\partial P}$$

で得られる。したがって

$$\delta_{C\downarrow}=\frac{1}{EI}\int_0^{\frac{\pi}{2}}\left\{Pa(1-\cos\theta)-\frac{1}{2}Qa\sin\theta\right\}\times a(1-\cos\theta)d\theta\Big|_{P=0}$$

$$=\frac{Qa^3}{2EI}\int_0^{\frac{\pi}{2}}\left(-\sin\theta+\frac{1}{2}\sin 2\theta\right)d\theta$$

$$=\frac{Qa^3}{2EI}\left[\cos\theta-\frac{1}{4}\cos 2\theta\right]_0^{\frac{\pi}{2}}$$

$$=\frac{Qa^3}{2EI}\left(-1+\frac{1}{2}\right)$$

$$=-\frac{Qa^3}{4EI}$$

$$\therefore\ \delta_{BD}=\delta_{C\downarrow}\times 2=-\frac{Qa^3}{2EI}$$

（3）AC 間距離の増加量 δ_{AC} も同様にカスティリアーノの定理から

$$\delta_{AC}=2\delta_{C\rightarrow}=2\times\frac{\partial U}{\partial\left(\frac{1}{2}Q\right)}$$

で得られる（$\delta_{C\rightarrow}$は点 C の水平方向変位）。したがって

$$\delta_{C\rightarrow}=\frac{1}{EI}\int_0^{\frac{\pi}{2}}\left\{Pa(1-\cos\theta)-\frac{1}{2}Qa\sin\theta\right\}\times(-a\sin\theta)ad\theta\Big|_{P=0}$$

$$=\frac{Qa^3}{2EI}\int_0^{\frac{\pi}{2}}\frac{1-\cos 2\theta}{2}d\theta$$

$$=\frac{Qa^3}{2EI}\left[\frac{1}{2}\theta-\frac{1}{4}\sin 2\theta\right]_0^{\frac{\pi}{2}}$$

$$=\frac{Qa^3}{2EI}\left(\frac{\pi}{4}-0\right)$$

$$=\frac{\pi Q a^3}{8EI}$$

$$\therefore\ \delta_{AC}=\delta_{C\rightarrow}\times 2=\frac{\pi Q a^3}{4EI}$$

【演習問題 8.11】 曲がりはりのたわみ 4

図 8.24 に示すように，曲がりはりの両端に直線はりが取り付けられている。点 A，D にそれぞれ上下方向に荷重 P を作用させたとき

（1）θ の位置に作用する曲げモーメント $M(\theta)$ を求めよ。

（2）AD 間距離の増加量 δ_{AD} を求めよ。直線はりの曲げ剛性を E_1I，曲がりはりの曲げ剛性を E_2I とする。

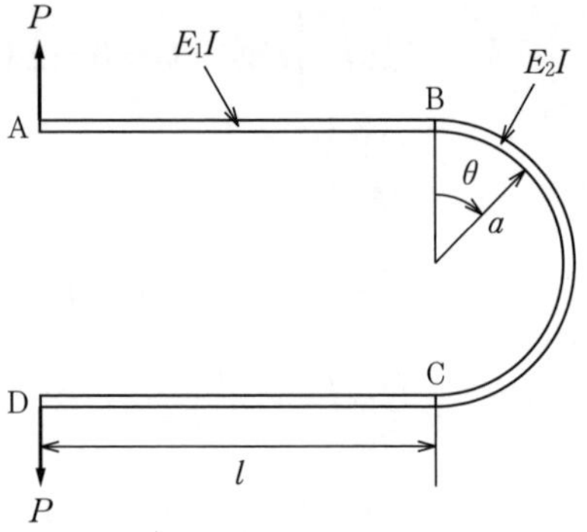

図 8.24

(解説)

（1）この問題は上下に対称であるので，**図 8.25** のようなハーフモデルを考える。このとき，θ の位置で切断して上側の自由体線図を描くと，切断面に生じる曲げモーメント $M(\theta)$ は

$$M(\theta)=P(l+a\sin\theta)$$

（2）直線はりの任意の位置 x での曲げモーメント $M(x)$ は $M(x)=Px$ である。このとき，このはりが蓄えるひずみエネルギー U は

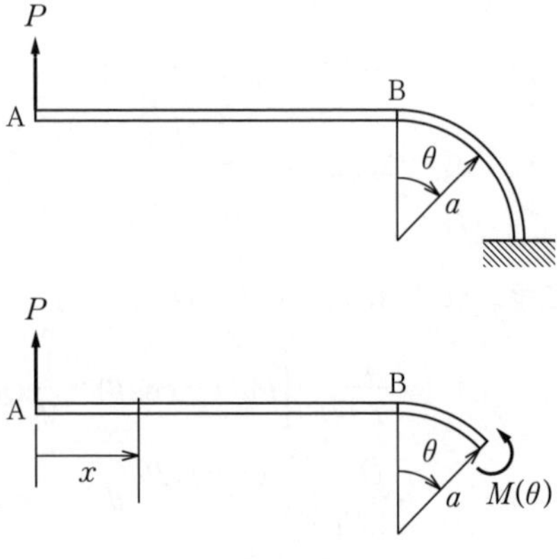

図 8.25

$$U=\int_0^l \frac{(M(x))^2}{2E_1I}dx+\int_0^{\frac{\pi}{2}}\frac{(M(\theta))^2}{2E_2I}ad\theta$$

AD 間距離の増加量 δ_{AD} はカスティリアーノの定理より

$$\frac{1}{2}\delta_{AD}=\frac{\partial U}{\partial P}$$

であるので

$$\frac{1}{2}\delta_{AD}=\frac{1}{E_1I}\int_0^l Px^2dx+\frac{1}{E_2I}\int_0^{\frac{\pi}{2}}P(l+a\sin\theta)^2ad\theta$$

$$=\frac{Pl^3}{3E_1I}+\frac{Pa}{E_2I}\int_0^{\frac{\pi}{2}}(l^2+2la\sin\theta+a^2\sin^2\theta)d\theta$$

$$=\frac{Pl^3}{3E_1I}+\frac{Pa}{E_2I}\left[l^2\theta-2la\cos\theta+a^2\left(\frac{\theta}{2}-\frac{1}{4}\sin2\theta\right)\right]_0^{\frac{\pi}{2}}$$

$$=\frac{Pl^3}{3E_1I}+\frac{Pa}{E_2I}\left(\frac{\pi}{2}l^2+2la+\frac{\pi}{4}a^2\right)$$

$$\therefore\ \delta_{AD}=\frac{2Pl^3}{3E_1I}+\frac{2Pa}{E_2I}\left(\frac{\pi}{2}l^2+2la+\frac{\pi}{4}a^2\right)$$

【演習問題 8.12】 曲がりはりのたわみ 5

図 8.26 に示すように，剛体棒が取り付けられた曲げ剛性 EI の曲がりはりがある。剛体の先端に集中荷重 P が負荷されているとき，以下の問に答えよ。

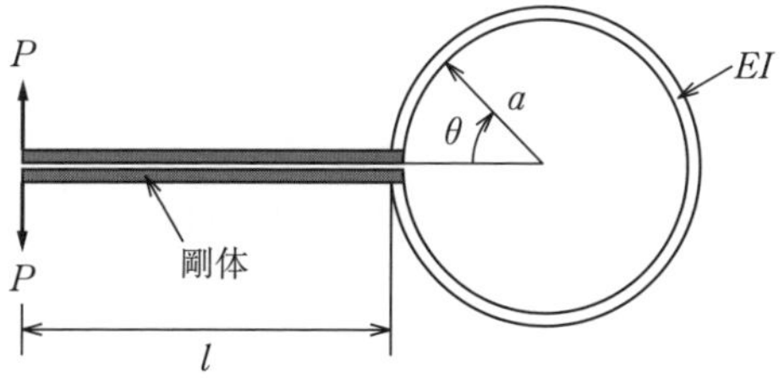

図 8.26

（1）θ の位置に作用する曲げモーメント $M(\theta)$ を求めよ。

（2）着力点の相対変位 δ を求めよ。

(解説)　構造の対称性から，**図 8.27** のようなハーフモデルを考える。

（1）このとき，θ の位置に生じる曲げモーメント $M(\theta)$ は，図 8.27 より

$$M(\theta)=P\{l+a(1-\cos\theta)\}$$

となる。このとき，剛体部分を切断せず自由体を考えるのがポイントである。

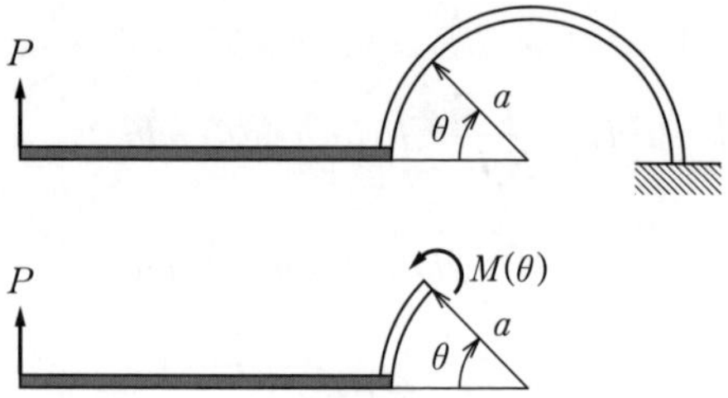

図 8.27

（2）この構造が蓄えるひずみエネルギー U は次式のように表される。

$$U=\int_0^{\pi}\frac{(M(\theta))^2}{2EI}a d\theta$$

着力点の相対変位 δ はカスティリアーノの定理から

$$\frac{1}{2}\delta=\frac{\partial U}{\partial P}$$

となるので

$$\frac{1}{2}\delta=\frac{1}{E_2I}\int_0^{\pi}P\{l+a(1-\cos\theta)\}^2 a d\theta$$

$$=\frac{Pa}{EI}\int_0^{\pi}\left\{l^2+2la(1-\cos\theta)+a^2\left(1-2\cos\theta+\frac{1+\cos 2\theta}{2}\right)\right\}d\theta$$

$$=\frac{Pa}{EI}\left[(l^2+2la)\theta-2la\sin\theta+a^2\left(\frac{3}{2}\theta-2\sin\theta+\frac{1}{4}\sin 2\theta\right)\right]_0^{\pi}$$

$$=\frac{Pa}{EI}\left\{\left(l^2+2la+\frac{3}{2}a^2\right)\times\pi\right\}$$

$$\therefore\ \delta=2\left(l^2+2la+\frac{3}{2}a^2\right)\pi\frac{Pa}{EI}$$

となる。

【演習問題 8.13】 曲がりはりのたわみ 6

図 8.28 に示すような切れ目の入った円輪の一端が支持され，他端に面外荷重 P が作用するとき

（1）θ の位置に作用する曲げモーメント $M(\theta)$ およびねじりモーメント $T(\theta)$ を求めよ。

（2）荷重点の変位 δ を求めよ。ただし，円輪の半径 a，曲げ剛性 EI，ねじり剛性 GI_p とし，自重は無視できるものとする。

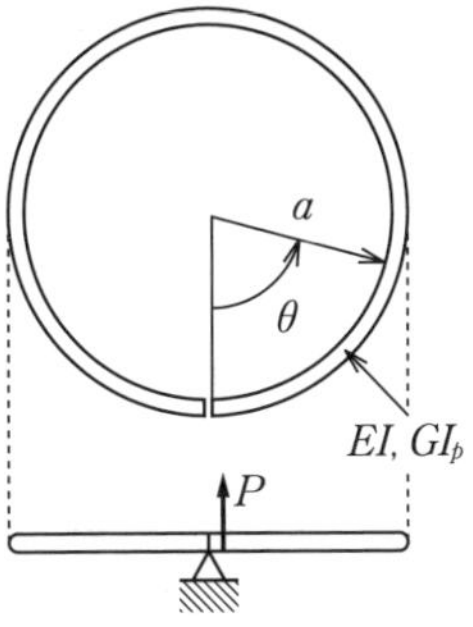

図 8.28

（解説）

（1）円輪を θ の位置で切断して自由体線図を描くと，**図 8.29**（a）のようになる。このとき，θ の位置に生じる曲げおよびねじりを求めるには，図（b）のような L 形はりモデルを考えると有効である。θ の位置に作用する曲げモーメント $M(\theta)$ およびねじりモーメント $T(\theta)$ は次式のように表される。

$$M(\theta) = Pa\sin\theta$$

$$T(\theta) = Pa(1-\cos\theta)$$

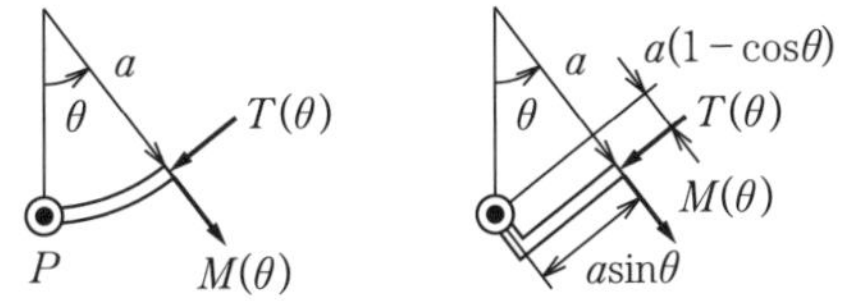

（a）　（b）

図 8.29

（2）（1）より，曲げによって生じるひずみエネルギー U_M とねじりによって生じるひずみエネルギー U_T はそれぞれ次式のようになる。

$$U_M = \int_0^{2\pi} \frac{(M(\theta))^2 a d\theta}{2EI} = \int_0^{2\pi} \frac{(Pa\sin\theta)^2 a d\theta}{2EI}$$

$$U_T=\int_0^{2\pi}\frac{(T(\theta))^2 ad\theta}{2GI_p}=\int_0^{2\pi}\frac{\{Pa(1-\cos\theta)\}^2 ad\theta}{2GI_p}$$

荷重点の変位 δ はカスティリアーノの定理から

$$\begin{aligned}
\delta&=\frac{\partial(U_M+U_T)}{\partial P}\\
&=\frac{1}{EI}\int_0^{2\pi}P(a\sin\theta)^2 ad\theta+\frac{1}{GI_p}\int_0^{2\pi}P\{a(1-\cos\theta)\}^2 ad\theta\\
&=\frac{Pa^3}{EI}\int_0^{2\pi}\sin^2\theta d\theta+\frac{Pa^3}{GI_p}\int_0^{2\pi}(1-\cos\theta)^2 ad\theta\\
&=\frac{Pa^3}{EI}\left[\frac{\theta}{2}-\frac{1}{4}\sin 2\theta\right]_0^{2\pi}+\frac{Pa^3}{GI_p}\left[\frac{3\theta}{2}-\sin\theta+\frac{1}{4}\sin 2\theta\right]_0^{2\pi}\\
&=\frac{Pa^3}{EI}(\pi)+\frac{Pa^3}{GI_p}(3\pi)\\
&=\frac{\pi Pa^3}{EI}+\frac{3\pi Pa^3}{GI_p}
\end{aligned}$$

【演習問題 8.14】 曲がりはりのたわみ 7

図 8.30 に示すような半径 a の円輪の一部を切断し，直径 $d \ll a$ の剛体球を挿入する。このとき

（1）θ の位置での曲げモーメント $M(\theta)$ を求めよ。

（2）点 B に生じる曲げモーメント M_B を求めよ。ただし，リングの曲げ剛性を EI とする。

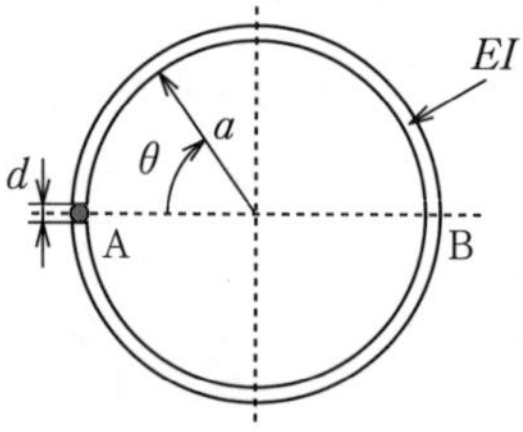

図 8.30

（解説）

（1）対称性から**図 8.31** のようなハーフモデルを考える。このとき，剛体球の挿入により生じる力を R とすれば，θ の位置での曲げモーメント $M(\theta)$ は

$$M(\theta)=Ra(1-\cos\theta)$$

（2）この曲がりはりが蓄えるひずみエネルギー U は

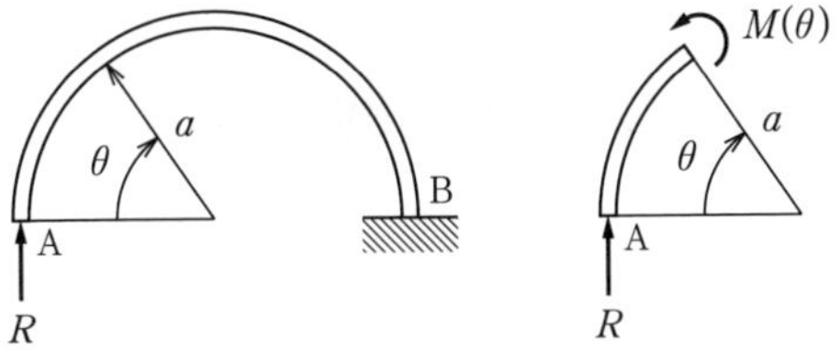

図 8.31

$$U=\int_0^{\pi}\frac{(M(\theta))^2}{2EI}ad\theta=\int_0^{\pi}\frac{\{Ra(1-\cos\theta)\}^2}{2EI}ad\theta$$

である。

このハーフモデルにおいて，点 A が垂直方向に $d/2$ だけ上方向に変位することを考えると，カスティリアーノの定理から

$$\begin{aligned}\frac{d}{2}&=\frac{\partial U}{\partial R}\\&=\frac{Ra^3}{EI}\int_0^{\pi}(1-\cos\theta)^2d\theta\\&=\frac{Ra^3}{EI}\int_0^{\pi}\left(1-2\cos\theta+\frac{1+\cos 2\theta}{2}\right)d\theta\\&=\frac{Ra^3}{EI}\left[\frac{3}{2}\theta-2\sin\theta+\frac{1}{4}\sin 2\theta\right]_0^{\pi}\\&=\frac{3\pi Ra^3}{2EI}\end{aligned}$$

$$\therefore d=\frac{3\pi Ra^3}{EI}$$

よって，R は

$$R=\frac{EId}{3\pi a^3}$$

となり，点 B における曲げモーメント M_B は

$$\begin{aligned}M_B&=2a\times\frac{EId}{3\pi a^3}\\&=\frac{2EId}{3\pi a^2}\end{aligned}$$

章末問題

【8.1】

図 8.32 に示すような構造（ヤング率 E, 断面積 A）において

（1）ABCD および EFGH の SFD と BMD を描け。

（2）点 H での垂直方向変位 $\delta_{H\downarrow}$ を求めよ。

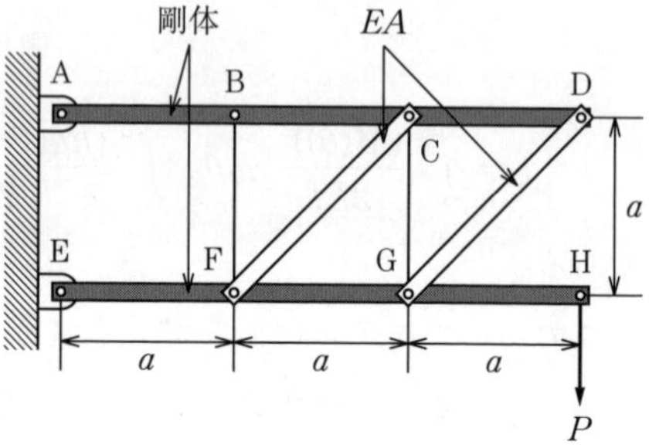

図 8.32

【8.2】

図 8.33 に示すようなはり ABCDE（曲げ剛性 EI）の点 E に垂直荷重 P が作用している。このとき，点 E での垂直方向変位 δ_E を求めよ。

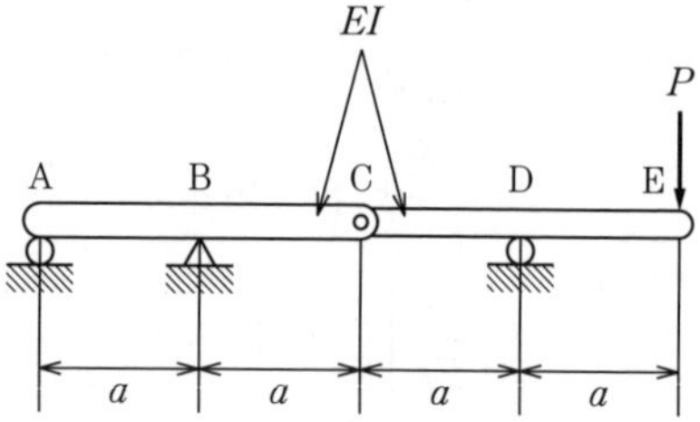

図 8.33

【8.3】

図 8.34 に示すような半径 a の曲がりはり AB（曲げ剛性 EI, ねじり剛性 GI_p）の点 B にねじりモーメント T が作用している。このとき，以下の問に答えよ。

（1）θ の位置での曲げモーメント $M(\theta)$, ねじりモーメント $T(\theta)$ を求めよ。

（2）点 B での紙面垂直方向変位 δ_B を求めよ。

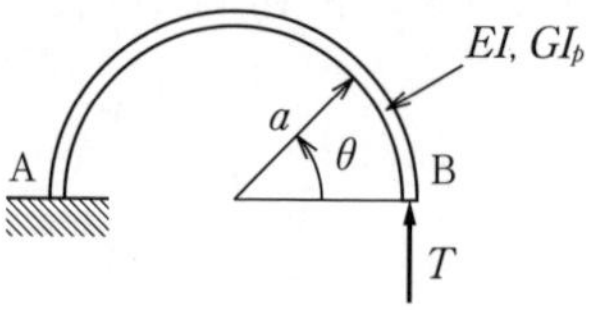

図 8.34

【8.4】

図 8.35 に示すような剛体 AB と棒 BC からなる曲がりはり ABC がある。棒 BC の曲げ剛性を EI として，点 A に垂直荷重が作用したときの点 A の垂直方向変位 $\delta_{A\downarrow}$ を求めよ。

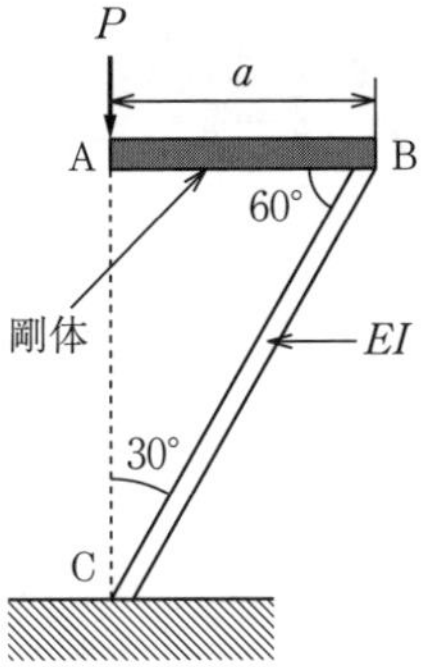

図 8.35

【8.5】

図 8.36 に示すようなクランク状の棒の先端にねじりモーメント T が作用している。このとき，点 F でのねじれ角 φ_F と紙面垂直方向変位 δ_F を求めよ。ただし，ねじり剛性を GI_p とする。

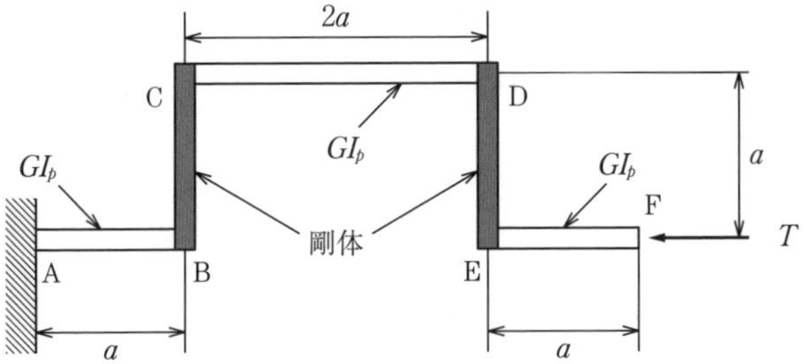

図 8.36

9

弾性力学の基礎

内圧を受ける薄肉円筒では，2軸方向の応力およびひずみ成分が生じる。x および y 方向の垂直応力 σ_x，σ_y が生じる場合，x 方向のひずみ ε_x は σ_x だけでなく σ_y の影響も受ける。薄肉円筒や薄肉球，異種材料の複合問題を通じて3次元フックの法則（応力とひずみの関係）をよく理解してほしい。また，等2軸引張（圧縮）や純せん断などの特別な応力状態や，弾性係数 E，G，ν の関係も，応力・ひずみの性質を理解する上で重要である。

9.1　応力の座標変換

【演習問題 9.1】応力の座標変換の応用 1

図 9.1 に示すように，円板に一様圧力 p が負荷されているとき，この円板中の x 方向応力 σ_x，および y 方向応力 σ_y を求めよ。

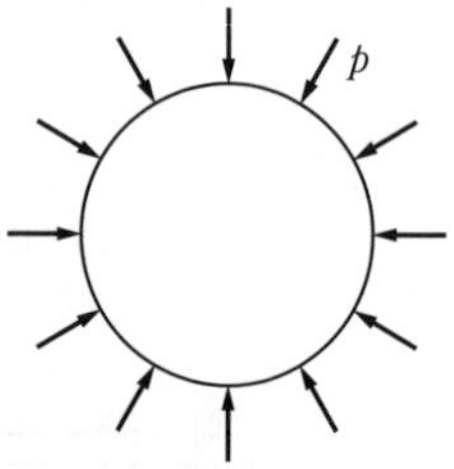

図 9.1

(**解説**)　**図 9.2** のように外周に圧力 p を受ける平板を考える。

座標軸を図のように定義すると，$\sigma_x = -p$, $\sigma_y = -p$, せん断応力 $\tau_{xy} = 0$ となる。

応力の座標変換の公式は演習問題 7.1 で導いており，次式のようになる。

$$\sigma_\xi = \sigma_x \cos^2\theta + \sigma_y \sin^2\theta + 2\tau_{xy} \cos\theta \sin\theta \tag{9.1}$$

$$\sigma_\eta = \sigma_x \sin^2\theta + \sigma_y \cos^2\theta - 2\tau_{xy} \cos\theta \sin\theta \tag{9.2}$$

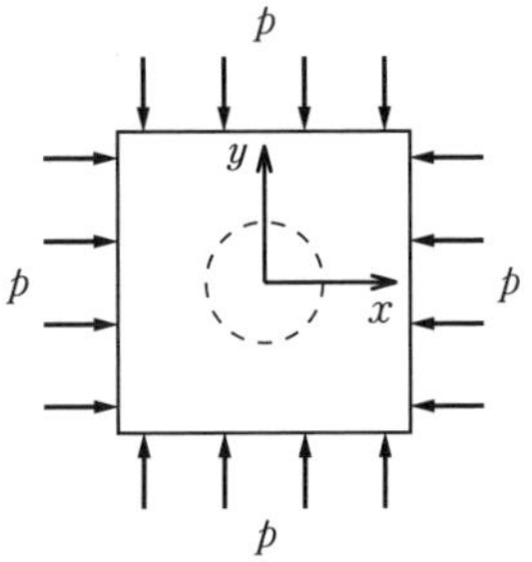

図 9.2

$$\tau_{\xi\eta}=(\sigma_y-\sigma_x)\cos\theta\sin\theta+\tau_{xy}(\cos^2\theta-\sin^2\theta) \tag{9.3}$$

この応力の変換公式は，例えば以下の例に示すようにして使いこなす実力をつけることがきわめて重要である。式 (9.1) に σ_x，σ_y，τ_{xy} を代入すると

$$\sigma_\xi=-p\cos^2\theta-p\sin^2\theta+0$$
$$=-p$$

となる。同様に σ_η，$\tau_{\xi\eta}$ は

$$\sigma_\eta=-p,\quad \tau_{\xi\eta}=0$$

となる。よって，円周上の任意の点で法線方向の垂直応力は $\sigma_\xi=-p$ となる。つまり，この平板の応力状態は，図 9.1 の応力状態と同一である。したがって，図 9.1 の x 方向応力 σ_x および y 方向応力 σ_y は

$$\sigma_x=-p,\quad \sigma_y=-p$$

である。結局，等 2 軸引張または等 2 軸圧縮は，**図 9.3** に示すような円板の引

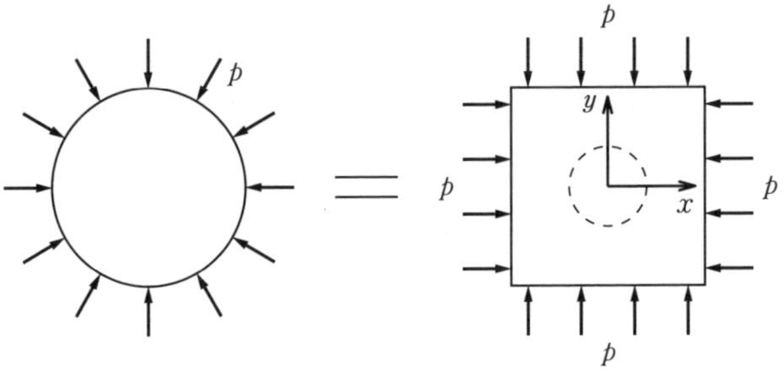

図 9.3

張りまたは圧縮に等しい。なお，円板の引張りまたは圧縮において，$\sigma_r=-p$ だけでなく，$\sigma_\theta=-p$ となることは忘れがちであるので注意が必要である。

【演習問題 9.2】応力の座標変換の応用 2

丸棒がねじりモーメントを受けており，外周でのせん断応力の大きさが τ のとき，最大・最小主応力 σ_1，σ_2 とその方向を求めよ（**図 9.4**）。

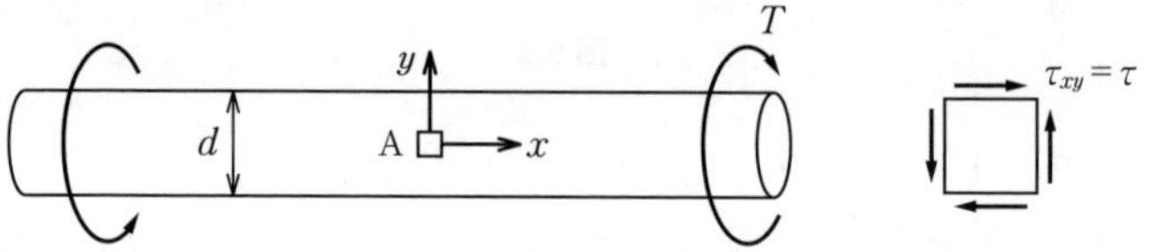

図 9.4

（**解説**）　図のように x-y 座標をとれば，ねじりモーメントによる応力成分（x 方向応力 σ_x，y 方向応力 σ_y，せん断応力 τ_{xy}）は $\sigma_x=\sigma_y=0$，$\tau_{xy}=\tau$ であるから，最大・最小主応力 σ_1，σ_2 は

$$\begin{vmatrix} (\sigma_x-\sigma) & \tau_{xy} \\ \tau_{xy} & (\sigma_y-\sigma) \end{vmatrix} = \begin{vmatrix} -\sigma & \tau \\ \tau & -\sigma \end{vmatrix}$$

$$=\sigma^2-\tau^2=0 \quad \rightarrow \quad \sigma_1=\tau,\quad \sigma_2=-\tau$$

また，σ_1，σ_2 の方向は

$$\theta_1=\tan^{-1}\left(\frac{\sigma_1-\sigma_x}{\tau_{xy}}\right)=\tan^{-1}\left(\frac{\sigma_1}{\tau}\right)=\tan^{-1}(1)$$

$$=\frac{\pi}{4}$$

$$\theta_2=\tan^{-1}\left(\frac{\sigma_2-\sigma_x}{\tau_{xy}}\right)=\tan^{-1}\left(\frac{\sigma_2}{\tau}\right)=\tan^{-1}(-1)$$

$$=-\frac{\pi}{4}$$

このことは，応力の変換式に $\theta=\pm\pi/4$ を代入しても確認できる。

$$\sigma_\xi=\sigma_x\cos^2\theta+\sigma_y\sin^2\theta+2\tau_{xy}\cos\theta\sin\theta=2\tau\cos\left(\frac{\pi}{4}\right)\sin\left(\frac{\pi}{4}\right)=\tau$$

$$=\sigma_1$$

$$\sigma_\xi = \sigma_x \cos^2\theta + \sigma_y \sin^2\theta + 2\tau_{xy}\cos\theta\sin\theta = 2\tau\cos\left(-\frac{\pi}{4}\right)\sin\left(-\frac{\pi}{4}\right) = -\tau = \sigma_2$$

このように純せん断応力場（**図 9.5** 左）は，主応力に変換すると引張り・圧縮の 2 軸応力状態になる（図右）。このことは種々の問題を考える際に重要である。

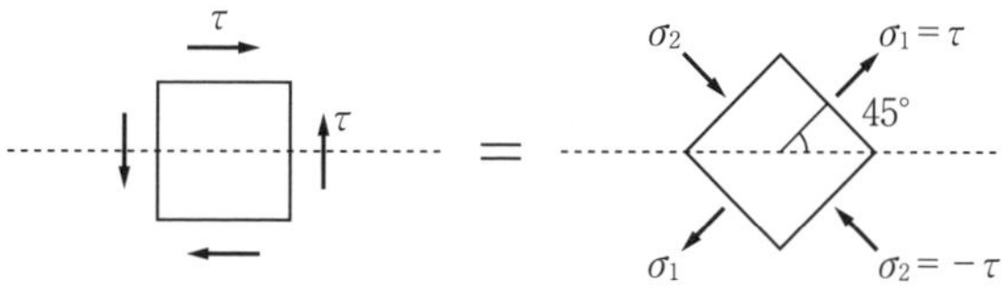

図 9.5

9.2　ひずみの座標変換

【演習問題 9.3】 ひずみの座標変換

図 9.6 のように垂直 ε_x のみが生じている平板に，x 軸から θ 傾いた ξ 軸上に OA=1 なる点 A をとる。このとき，ξ 方向の垂直ひずみ ε_ξ を導出せよ。

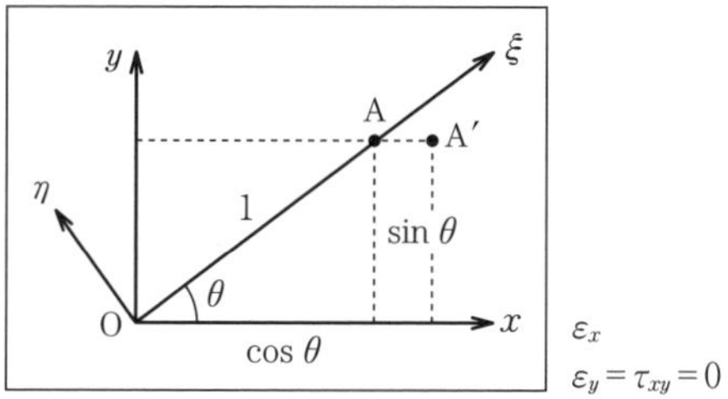

図 9.6

（解説） 図のように座標系を考えれば，点 A の座標は $(\cos\theta,\ \sin\theta)$ である。垂直ひずみ ε_x によって点 A は A′ に移動し，x 方向の位置は $\cos\theta(1+\varepsilon_x)$ となる。OA と OA′ の方向はわずかしか変化しないので，ξ 方向の垂直ひずみ ε_ξ は近似的に次式で求められる。

$$\varepsilon_\xi = \overline{\mathrm{OA'}} - \overline{\mathrm{OA}} = \sqrt{\cos^2\theta(1+\varepsilon_x)^2 + \sin^2\theta} - 1 = \sqrt{1 + 2\varepsilon_x\cos^2\theta + \varepsilon_x{}^2\cos^2\theta} - 1$$

$$\cong \sqrt{1 + 2\varepsilon_x\cos^2\theta} - 1 \cong \varepsilon_x\cos^2\theta$$

以上の考えを ε_y, γ_{xy} が生じる場合に展開し，それらを重ね合わせれば，つぎのようなひずみの座標変換式が得られる。

$$\varepsilon_\xi = \varepsilon_x \cos^2\theta + \varepsilon_y \sin^2\theta + \gamma_{xy}\cos\theta\sin\theta$$

$$\varepsilon_\eta = \varepsilon_x \sin^2\theta + \varepsilon_y \cos^2\theta - \gamma_{xy}\cos\theta\sin\theta$$

$$\gamma_{\xi\eta} = 2(\varepsilon_y - \varepsilon_x)\cos\theta\sin\theta + \gamma_{xy}(\cos^2\theta - \sin^2\theta)$$

【演習問題 9.4】 ひずみの座標変換の応用 1

直径 d の丸棒に引張荷重 P，ねじりモーメント T がそれぞれ別々に作用している（**図 9.7**）。つぎの条件を満たす引張荷重 P とねじりモーメント T の関係を求めよ。ただし，丸棒のヤング率，ポアソン比は E, ν とする。

（1）最大応力 $\sigma_{\max}$ が等しい P と T の関係を求めよ。

（2）最大せん断応力 $\tau_{\max}$ が等しい P と T の関係を求めよ。

（3）最大垂直ひずみ $\varepsilon_{\max}$ が等しい P と T の関係を求めよ。

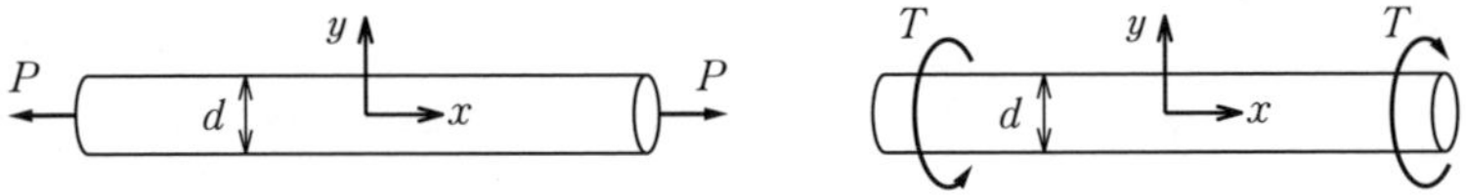

図 9.7

(解説)

（1）引張荷重 P およびねじりモーメント T がそれぞれ作用する丸棒において，応力成分（σ_x, σ_y, τ_{xy}）を，上添字 P, T を付して $\sigma_x{}^P$ のように表せば，それぞれ次式のようになる。

$$\sigma_x{}^P = \frac{P}{A} = \frac{4P}{\pi d^2},\quad \sigma_y{}^P = \tau_{xy}{}^P = 0,\quad \tau_{xy}{}^T = \frac{T}{I_p}\frac{d}{2} = \frac{16T}{\pi d^3},\quad \sigma_x{}^T = \sigma_y{}^T = 0$$

最大・最小主応力 σ_1, σ_2 に変換すれば，次式のようになる。

$$\sigma_1{}^P = \frac{4P}{\pi d^2},\quad \sigma_2{}^P = 0,\quad \sigma_1{}^T = \frac{16T}{\pi d^3},\quad \sigma_2{}^T = -\frac{16T}{\pi d^3}$$

したがって，最大応力 $\sigma_{\max}$ が等しい P と T の関係は

$$\frac{4P}{\pi d^2} = \frac{16T}{\pi d^3} \quad\rightarrow\quad T = \frac{Pd}{4}$$

（2）最大せん断応力は最大・最小主応力 σ_1，σ_2 の差によって求まる。それぞれの丸棒に生じる最大せん断応力 ${\tau_{\max}}^P$，${\tau_{\max}}^T$ は

$$ {\tau_{\max}}^P = \frac{{\sigma_1}^P - {\sigma_2}^P}{2} = \frac{2P}{\pi d^2}, \quad {\tau_{\max}}^T = \frac{{\sigma_1}^T - {\sigma_2}^T}{2} = \frac{16T}{\pi d^3} $$

したがって，最大せん断応力 $\tau_{\max}$ が等しくなる P と T の関係は

$$ \frac{2P}{\pi d^2} = \frac{16T}{\pi d^3} \quad \rightarrow \quad T = \frac{Pd}{8} $$

（3）それぞれの丸棒に生じる最大垂直ひずみ $\varepsilon_{\max}$ は，最大・最小主応力 σ_1，σ_2 とフックの法則より

$$ {\varepsilon_{\max}}^P = \frac{1}{E}({\sigma_1}^P - \nu{\sigma_2}^P) = \frac{4P}{\pi E d^2}, \quad {\varepsilon_{\max}}^T = \frac{1}{E}({\sigma_1}^T - \nu{\sigma_2}^T) = \frac{1+\nu}{E}\frac{16T}{\pi d^3} $$

したがって，$\varepsilon_{\max}$ が等しくなる P と T の関係は

$$ \frac{4P}{\pi E d^2} = \frac{1+\nu}{E}\frac{16T}{\pi d^3} \quad \rightarrow \quad T = \frac{Pd}{4(1+\nu)} $$

【演習問題 9.5】ひずみの座標変換の応用 2

図 9.8 に示すように，平板の x 方向に一様ひずみ ε_x が生じている。この平板の表面に書かれた“K”の文字（長さ $l=2(1+\sqrt{2})$）全体の伸び Δl を求めよ。

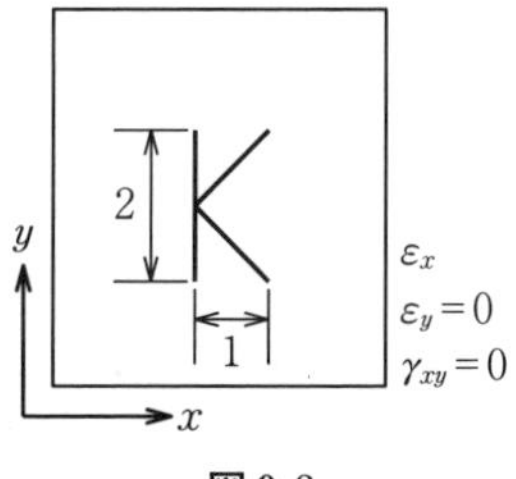

図 9.8

（解説） この平板では y 方向垂直ひずみ $\varepsilon_y = 0$ であるので，“K”の縦線の伸びは 0 である。一方，斜めの線の伸びを得るためには斜め 45° 方向の垂直ひずみ $\varepsilon_{45°}$ を求める必要がある。

演習問題9.3で示したひずみの変換公式より，$\varepsilon_{45°}$ は

$$\varepsilon_{45°}=\varepsilon_x\cos^2 45°+\varepsilon_y\sin^2 45°+\gamma_{xy}\sin 45°\times\cos 45°$$

$$=\frac{1}{2}\varepsilon_x$$

45° 方向のひずみ量から，斜めの線の伸び量 $\Delta l_{45°}$ は

$$\Delta l_{45°}=\sqrt{2}\times\frac{1}{2}\varepsilon_x\times 2=\sqrt{2}\,\varepsilon_x$$

前述したように，縦方向の伸びは0であるので，“K” の文字全体の伸び Δl は

$$\Delta l=\Delta l_{45°}=\sqrt{2}\,\varepsilon_x$$

【演習問題9.6】ひずみの座標変換の応用3

図9.9のようにひずみゲージを用いて3方向の垂直ひずみ $\varepsilon_x=300\times10^{-6}$，$\varepsilon_y=200\times10^{-6}$，$\varepsilon_{45°}=400\times10^{-6}$ を測定した。せん断ひずみ γ_{xy} を求めよ。ここでひずみゲージとは，垂直ひずみを電気抵抗変化を利用して検出するセンサーである。

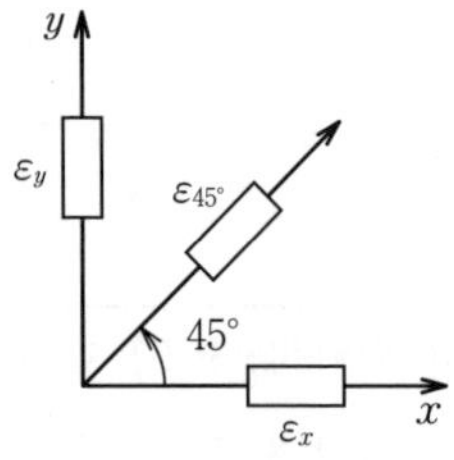

図9.9

（解説）　ひずみの座標変換の式より，$\varepsilon_\xi=\varepsilon_{45°}$ と置けば

$$\varepsilon_\xi=\varepsilon_{45°}=\varepsilon_x\cos^2\theta+\varepsilon_y\sin^2\theta+\gamma_{xy}\sin\theta\cos\theta$$

$\theta=45°$ を代入すれば，せん断ひずみ γ_{xy} は

$$\gamma_{xy}=\frac{\varepsilon_{45}-\varepsilon_x\cos^2\theta-\varepsilon_y\sin^2\theta}{\sin\theta\cos\theta}$$

$$=2\varepsilon_{45°}-\varepsilon_x-\varepsilon_y=(2\times400-300-200)\times10^{-6}$$

$$=300\times10^{-6}$$

このように，ひずみゲージでは直接せん断ひずみの測定を行うことはできないが，3方向の垂直ひずみからせん断ひずみを求めることはできる。2方向あるいは3方向のひずみが計測できるゲージをロゼットゲージ，またはひずみロゼットという。

9.3　2次元および3次元のフックの法則

【演習問題9.7】2次元および3次元のフックの法則の応用1

図9.10のように長方形板（ヤング率E，ポアソン比ν）の上下面を固定し，x方向に引っ張った状態を考える。x方向垂直ひずみε_xのみが生じる平板（$\varepsilon_y=0$）は，どのような応力状態になるか。応力成分σ_xとσ_yの関係を求めよ。

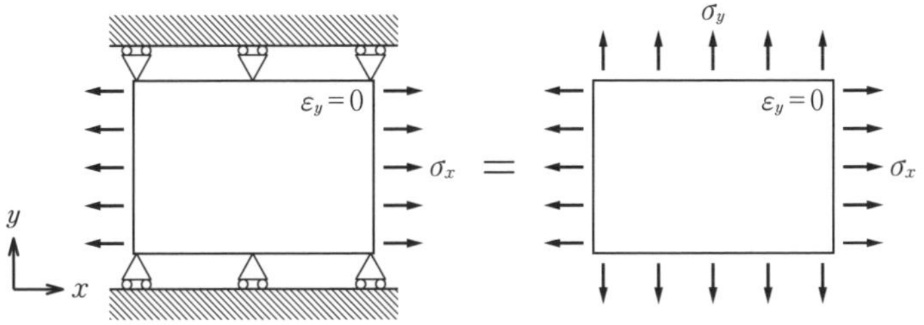

図9.10

（解説）　上下面の支持がない状態で長方形板にσ_xのみが作用する場合，（2次元）フックの法則からx方向垂直ひずみ$\varepsilon_x=\sigma_x/E$が生じる。そのとき，演習問題2.2に示したように，荷重方向と垂直な方向には縮むため，y方向ひずみ$\varepsilon_y=-\nu\varepsilon_x$も生じる。したがって，$y$方向ひずみ$\varepsilon_y$を0にするためには$\sigma_y$も作用させる必要がある。平板に$\sigma_x$と$\sigma_y$を同時に作用させた場合の$x$方向垂直ひずみ$\varepsilon_x$，および$y$方向ひずみ$\varepsilon_y$は

$$\varepsilon_x=\frac{\sigma_x}{E}-\nu\frac{\sigma_y}{E}=\frac{1}{E}(\sigma_x-\nu\sigma_y),\quad \varepsilon_y=-\nu\frac{\sigma_x}{E}+\frac{\sigma_y}{E}=\frac{1}{E}(\sigma_y-\nu\sigma_x)$$

である。したがって，y方向垂直ひずみ$\varepsilon_y=0$となるための条件は以下のようになる。

$$\varepsilon_y=\frac{1}{E}(\sigma_y-\nu\sigma_x)=0\quad\rightarrow\quad\sigma_y=\nu\sigma_x$$

なお，3次元に拡張したフックの法則はつぎのようになる（γはせん断ひず

み，Gはせん断弾性係数)。

$$\varepsilon_x=\frac{1}{E}\{\sigma_x-\nu(\sigma_y+\sigma_z)\},\quad \varepsilon_y=\frac{1}{E}\{\sigma_y-\nu(\sigma_x+\sigma_z)\},\quad \varepsilon_z=\frac{1}{E}\{\sigma_z-\nu(\sigma_x+\sigma_y)\}$$

$$\gamma_{xy}=\frac{\tau_{xy}}{G},\quad \gamma_{yz}=\frac{\tau_{yz}}{G},\quad \gamma_{zx}=\frac{\tau_{zx}}{G}$$

【演習問題 9.8】2 次元および 3 次元のフックの法則の応用 2

図 9.11 において，ヤング率E，せん断弾性係数Gおよびポアソン比νの関係を導出せよ。

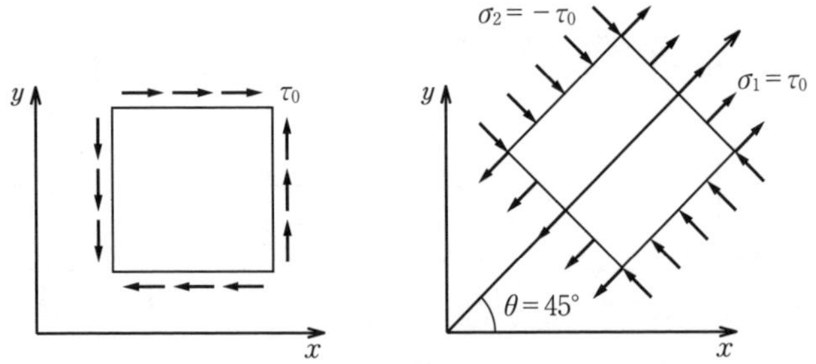

図 9.11

(**解説**)　演習問題 9.2 に示したようにして，純せん断応力状態を考える。せん断応力$\tau_{xy}=\tau_0$が作用した状態でのx方向垂直ひずみε_x，y方向垂直ひずみε_y，せん断ひずみγ_{xy}は

$$\varepsilon_x=\varepsilon_y=0,\quad \gamma_{xy}=\frac{\tau_{xy}}{G}=\frac{\tau_0}{G}$$

ひずみの座標変換より，45°方向の垂直ひずみ$\varepsilon_{45°}$は

$$\varepsilon_{45°}=\varepsilon_x\cos^2\theta+\varepsilon_y\sin^2\theta+\gamma_{xy}\cos\theta\sin\theta=\gamma_{xy}\cos 45°\times\sin 45°=\frac{\tau_0}{2G}$$

一方，純せん断応力場を主応力に変換した状態でσ_1方向の垂直ひずみε_1を考えれば

$$\varepsilon_1=\frac{1}{E}(\sigma_1-\nu\sigma_2)=\frac{1+\nu}{E}\tau_0$$

両者のひずみは等しくなければならない（$\varepsilon_{45°}=\varepsilon_1$）ので，つぎの弾性係数間の関係が得られる。

$$\frac{\tau_0}{2G}=\frac{1+\nu}{E}\tau_0 \quad \rightarrow \quad G=\frac{E}{2(1+\nu)}$$

ちなみに金属材料では，$\nu=0.3$ 程度であるので，$G\fallingdotseq E/(2\sim3)$ である。

【演習問題 9.9】2 次元および 3 次元のフックの法則の応用 3

図 9.12 に示すような広い弾性板に $x^2+y^2=a^2$ なる円を描く。この板を x 方向垂直応力 $\sigma_x=\sigma_0$，y 方向垂直応力 $\sigma_y=0$，せん断応力 $\tau_{xy}=0$ となるように負荷すると，この円の円周はどれだけ増加するか。

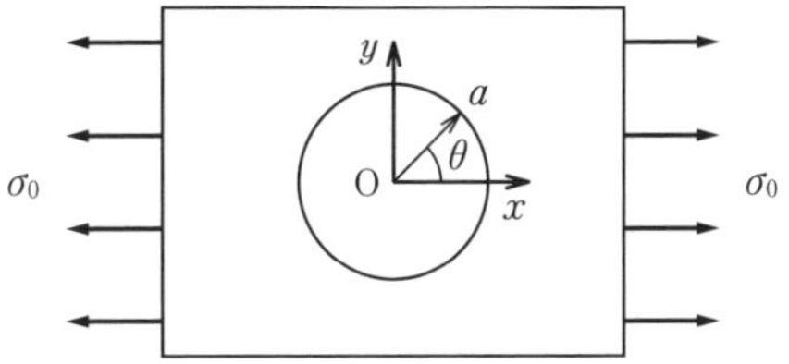

図 9.12

上記の問題を以下の手順で解け。ただし板のヤング率 E，ポアソン比 ν とする。

（1）$x=r\cos\theta$，$y=r\sin\theta$ なる極座標（r, θ）を考える。$r=a$，$\theta=\theta$ における応力 σ_r，σ_θ を求めよ。

（2）平面応力状態を仮定することによって，$r=a$，$\theta=\theta$ におけるひずみ ε_θ を求めよ。

（3）円周の増加 $\varDelta$ は次式で表される。$\varDelta$ を計算せよ。

$$\varDelta=\int_0^{2\pi}\varepsilon_\theta a d\theta$$

解説

（1）平板に作用する応力 $\sigma_x=\sigma_0$，$\sigma_y=\tau_{xy}=0$ であるから，円上の応力を極座標成分で表すと

$$\sigma_r = \sigma_0 \cos^2\theta, \quad \sigma_\theta = \sigma_0 \sin^2\theta$$

（2）平面応力状態において，ひずみ ε_θ は

$$\varepsilon_\theta = \frac{1}{E}(\sigma_\theta - \nu\sigma_r) = \frac{1}{E}(\sigma_0 \sin^2\theta - \nu\sigma_0\cos^2\theta) = \frac{\sigma_0}{E}\left(\frac{1-\cos 2\theta}{2} - \nu\frac{1+\cos 2\theta}{2}\right)$$

$$= \frac{\sigma_0}{2E}\{(1-\nu) - (1+\nu)\cos 2\theta\}$$

（3）円周の増加 Δ は

$$\Delta = \int_0^{2\pi} \varepsilon_\theta a d\theta = 4\int_0^{\frac{\pi}{2}} \frac{\sigma_0}{2E}\{(1-\nu)-(1+\nu)\cos 2\theta\} a d\theta$$

$$= \frac{2\sigma_0 a}{E}\left[(1-\nu)\theta - (1+\nu)\left(-\frac{1}{2}\sin 2\theta\right)\right]_0^{\frac{\pi}{2}} = \frac{2\sigma_0 a}{E}(1-\nu)\frac{\pi}{2}$$

$$= \frac{\pi(1-\nu)\sigma_0 a}{E}$$

【演習問題 9.10】2 次元および 3 次元のフックの法則の応用 4

図 9.13 に示すように，ヤング率 E，ポアソン比 ν の角柱が剛体壁によって両端を固定されている。この角柱の周囲に圧力 p が作用しているとき

（1）x，y 方向垂直応力 σ_x, σ_y および z 方向垂直ひずみ ε_z を求めよ。

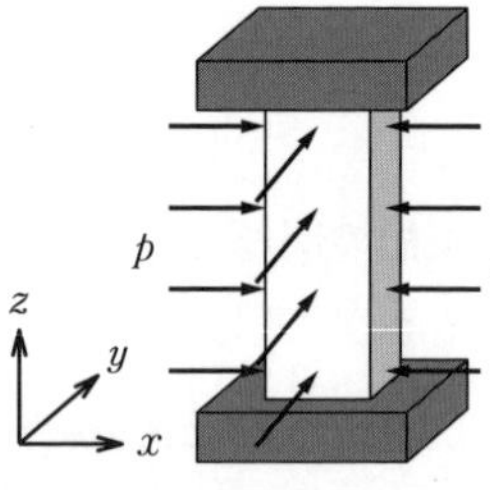

図 9.13

（2）z 方向垂直応力 σ_z，および x，y 方向垂直ひずみ ε_x, ε_y を求めよ。

（解説）

（1）角柱の自由体線図を考えると，**図 9.14** のようになる。図より $\sigma_x = \sigma_y = -p$ となり，角柱の上下を剛体壁によって固定されているので $\varepsilon_z = 0$ である。

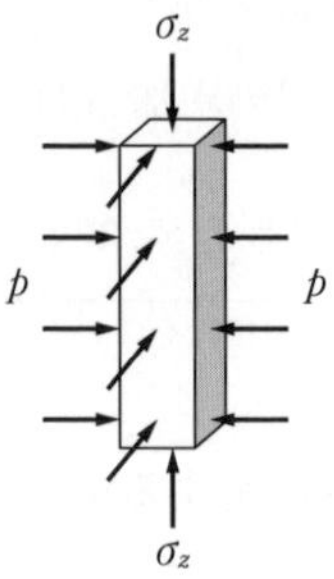

図 9.14

（2）3 次元フックの法則より

$$\varepsilon_z=\frac{1}{E}\{\sigma_z-\nu(\sigma_x+\sigma_y)\}$$

となり，$\sigma_x=\sigma_y=-p$ および $\varepsilon_z=0$ より

$$0=\frac{1}{E}\{\sigma_z-\nu(-p-p)\}$$

$$0=\sigma_z+2\nu p$$

$$\therefore\ \sigma_z=-2\nu p$$

また，$\varepsilon_x, \varepsilon_y$ は 3 次元フックの法則より

$$\varepsilon_x=\varepsilon_y=\frac{1}{E}\{-p-\nu(-p-2\nu p)\}$$

$$=(-1+\nu-2\nu^2)\frac{p}{E}$$

【演習問題 9.11】2 次元および 3 次元のフックの法則の応用 5

図 9.15 に示すような直径 d の丸棒（ヤング率 E，ポアソン比 ν，せん断弾性係数 G）に引張荷重 P とねじりモーメント T が作用しているとき，丸棒に生じる

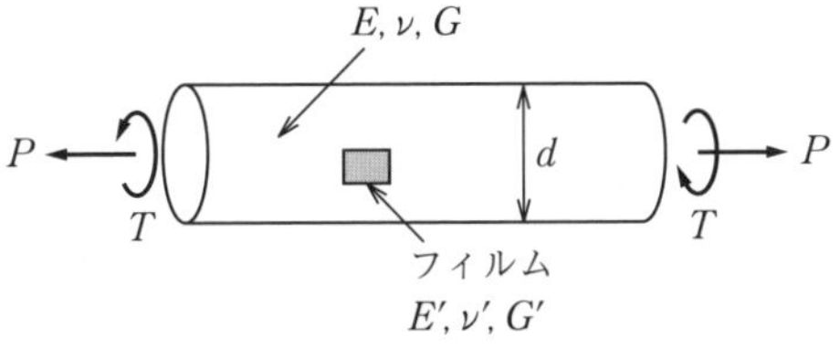

図 9.15

（1）最大垂直ひずみ $\varepsilon_{\max}$ を求めよ。

（2）最大せん断ひずみ $\gamma_{\max}$ を求めよ。

（3）表面に貼り付けたフィルム（ヤング率 E'，ポアソン比 ν'，せん断弾性係数 G'）に生じる最大垂直応力 $\sigma'_{\max}$ を求めよ。

（解説）

（1）引張荷重 P およびねじりモーメント T によって丸棒表面に生じる応力は $\sigma_0=4P/\pi d^2$，せん断応力は $\tau_0=16T/\pi d^3$ であるから，最大・最小主応力 σ_1, σ_2 はつぎのようになる。

$$\begin{vmatrix} \sigma_0-\sigma & \tau_0 \\ \tau_0 & -\sigma \end{vmatrix}=0 \quad \rightarrow \quad (\sigma_0-\sigma)(-\sigma)-{\tau_0}^2=\sigma^2-\sigma_0\sigma-{\tau_0}^2=0$$

$$\therefore\ \sigma_{1,2}=\frac{\sigma_0\pm\sqrt{{\sigma_0}^2+4{\tau_0}^2}}{2}$$

最大垂直ひずみ $\varepsilon_{\mathrm{max}}$ は，主応力にフックの法則を適用して

$$\begin{aligned}
\varepsilon_{\mathrm{max}}&=\frac{1}{E}(\sigma_1-\nu\sigma_2)=\frac{1}{E}\left(\frac{\sigma_0+\sqrt{{\sigma_0}^2+4{\tau_0}^2}}{2}-\nu\frac{\sigma_0-\sqrt{{\sigma_0}^2+4{\tau_0}^2}}{2}\right)\\
&=\frac{1}{E}\left(\frac{1-\nu}{2}\sigma_0+\frac{1+\nu}{2}\sqrt{{\sigma_0}^2+4{\tau_0}^2}\right)\\
&=\frac{1}{E}\left(\frac{1-\nu}{2}\sigma_0+\frac{1+\nu}{2}\sqrt{{\sigma_0}^2+4{\tau_0}^2}\right)\\
&=\frac{1}{E}\left\{\frac{1-\nu}{2}\frac{4P}{\pi d^2}+\frac{1+\nu}{2}\sqrt{\left(\frac{4P}{\pi d^2}\right)^2+4\left(\frac{16T}{\pi d^3}\right)^2}\right\} \qquad (9.4)
\end{aligned}$$

（2）最大せん断ひずみ γ_{max} は，最大せん断応力 τ_{max} にフックの法則を適用して

$$\tau_{\mathrm{max}}=\frac{\sigma_1-\sigma_2}{2}=\frac{1}{2}\sqrt{{\sigma_0}^2+4{\tau_0}^2}$$

$$\gamma_{\mathrm{max}}=\frac{\tau_{\mathrm{max}}}{G}=\frac{1}{2G}\sqrt{{\sigma_0}^2+4{\tau_0}^2}=\frac{1}{2G}\sqrt{\left(\frac{4P}{\pi d^2}\right)^2+4\left(\frac{16T}{\pi d^3}\right)^2}$$

（3）丸棒表面に貼り付けたフィルムに生じる最大応力 σ'_{max} は，丸棒とフィルムの変形（ひずみ）は等しいので，丸棒に生じる主ひずみを $\varepsilon_{\mathrm{max}}$，$\varepsilon_{\mathrm{min}}$，フィルムに生じる主ひずみを $\varepsilon'_{\mathrm{max}}$，$\varepsilon'_{\mathrm{min}}$ とすれば，以下のように表せる。

$$\left.\begin{aligned}
\varepsilon_{\mathrm{max}}&=\varepsilon'_{\mathrm{max}}=\frac{1}{E'}(\sigma'_1-\nu'\sigma'_2)\\
\varepsilon_{\mathrm{min}}&=\varepsilon'_{\mathrm{min}}=\frac{1}{E'}(\sigma'_2-\nu'\sigma'_1)
\end{aligned}\right\} \qquad (9.5)$$

式 (9.5) より，フィルムに生じる最大応力 σ'_{max} は

$$\sigma'_{\mathrm{max}}=\frac{E'}{(1-\nu'^2)}(\varepsilon'_{\mathrm{max}}+\nu'\varepsilon'_{\mathrm{min}})=\frac{E'}{(1-\nu'^2)}(\varepsilon_{\mathrm{max}}+\nu'\varepsilon_{\mathrm{min}})$$

式 (9.4) を代入して

$$\sigma'_{\mathrm{max}}=\frac{E'/E}{(1-\nu'^2)}\left\{\left(\frac{1-\nu}{2}\sigma_0+\frac{1+\nu}{2}\sqrt{{\sigma_0}^2+4{\tau_0}^2}\right)+\nu'\left(\frac{1-\nu}{2}\sigma_0-\frac{1+\nu}{2}\sqrt{{\sigma_0}^2+4{\tau_0}^2}\right)\right\}$$

$$=\frac{E'/E}{(1-\nu'^2)}\left\{\frac{(1-\nu)(1+\nu')}{2}\sigma_0+\frac{(1+\nu)(1-\nu')}{2}\sqrt{{\sigma_0}^2+4{\tau_0}^2}\right\}$$

$$=\frac{E'}{2E}\left\{\frac{1-\nu}{1-\nu'}\left(\frac{4P}{\pi d^2}\right)+\frac{1+\nu}{1+\nu'}\sqrt{\left(\frac{4P}{\pi d^2}\right)^2+4\left(\frac{16T}{\pi d^3}\right)^2}\right\}$$

9.4　薄肉円筒と薄肉球

【演習問題 9.12】 薄肉円筒に生じる応力

図 9.16 に示すような薄肉円筒における円周方向応力 σ_θ および軸方向応力 σ_z を求めよ。

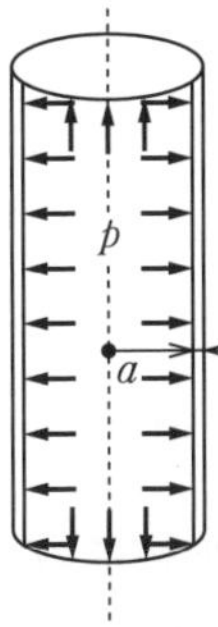

図 9.16

(解説)　まずは，円周方向応力 σ_θ について考える。**図 9.17** のように円筒を切断して，長さ 1 の半円パイプの自由体として自由体線図を描く。

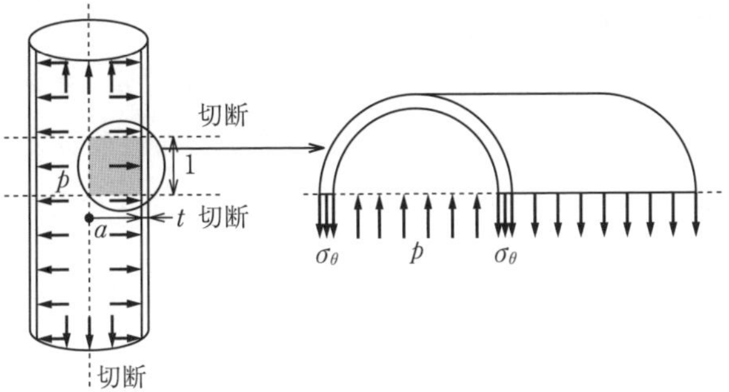

図 9.17

この半円パイプにおいて圧力 p が作用する面積は $2a\times1$ である一方，σ_θ が作用する面積は $2t\times1$ である。よって，力の釣合いより

$$p\times2a\times1=\sigma_\theta\times2t\times1$$

$$\therefore\ \sigma_\theta=\frac{pa}{t}$$

つぎに軸方向応力 σ_z について考える。**図 9.18** に示すように円筒を切断し，下部分の自由体線図を描く。

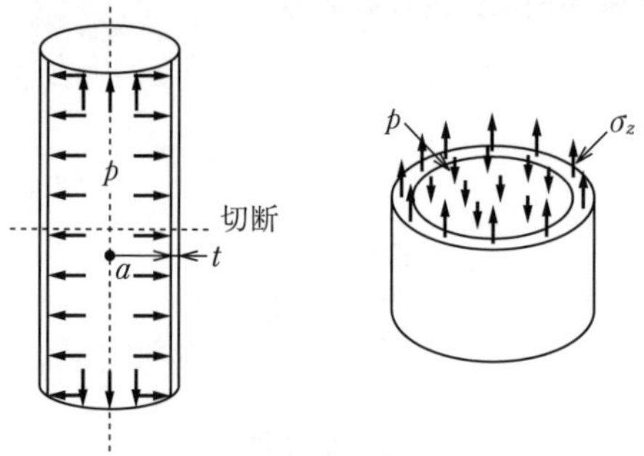

図 9.18

切断面に作用する σ_z が作用する面積は $2\pi a\times t$ である。一方，圧力 p が作用する面積は πa^2 である。よって力の釣合いより

$$p\times\pi a^2=\sigma_z\times2\pi a\times t$$

$$\therefore\ \sigma_z=\frac{pa}{2t}$$

【演習問題 9.13】 薄肉円筒問題 1

図 9.19 に示すように半径 a の円柱 A に厚さ $t(t\ll a)$ の薄肉円筒 B が隙間なくはまっているところに，円柱上下面に分布荷重 w を作用させたとする。このとき，以下の問に答えよ。なお，円柱および円筒の縦弾性係数を E，ポアソン比を ν とする。

（1）円柱と円筒の接触面に作用する圧力を p としたとき，円柱 A および円筒 B の円周方向垂直ひずみ $\varepsilon_{\theta A}$，$\varepsilon_{\theta B}$ を求めよ。

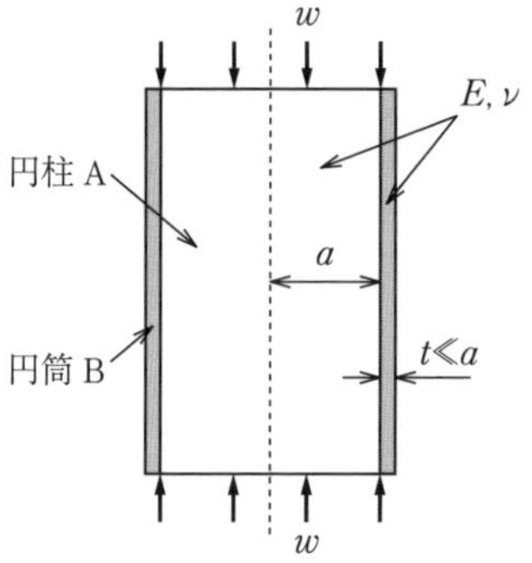

図 9.19

（2）接触圧力 p を求めよ。

（3）円筒 B の円周方向垂直応力 $\sigma_{\theta B}$ を求めよ。

解説　円柱 A および円筒 B の自由体を描くと**図 9.20** のようになる。

（1）円柱および円筒に生じる半径方向垂直応力 σ_{rA}，σ_{rB}，円周方向垂直応力 $\sigma_{\theta A}$，$\sigma_{\theta B}$，軸方向垂直応力 σ_{zA}，σ_{zB} は以下のように表される。

$$\sigma_{rA} = \sigma_{\theta A} = -p$$

$$\sigma_{zA} = -w$$

$$\sigma_{rB} \cong 0$$

$$\sigma_{\theta B} = \frac{pa}{t}$$

$$\sigma_{zB} = 0$$

3 次元フックの法則より，円柱および円筒の円周方向垂直ひずみ $\varepsilon_{\theta A}$，$\varepsilon_{\theta B}$ は次式のようになる。

$$\varepsilon_{\theta A} = \frac{1}{E}\{-p - \nu(-p - w)\}$$

$$= \frac{1}{E}\{-(1-\nu)p + \nu w\}$$

$$\varepsilon_{\theta B} = \frac{1}{E}\left(\frac{pa}{t}\right)$$

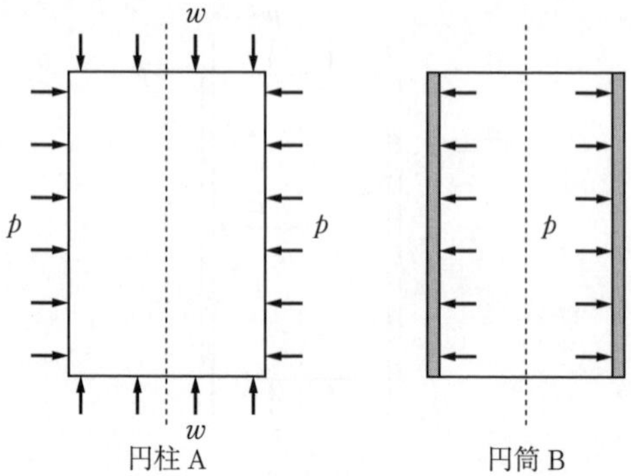

図 9.20

（2）円柱と円筒の円周方向垂直ひずみが等しいので，$\varepsilon_{\theta A}=\varepsilon_{\theta B}$ より接触圧力 p は

$$\frac{-(1-\nu)p+\nu w}{E}=\frac{pa}{Et}$$

$$\left(1-\nu+\frac{a}{t}\right)p=\nu w$$

$$\therefore\ p=\frac{\nu wt}{(1-\nu)t+a}$$

（3）（2）の結果から円筒 B の円周方向垂直応力 $\sigma_{\theta B}$ は

$$\sigma_{\theta B}=\frac{a}{Et}\times\frac{\nu wt}{(1-\nu)t+a}$$

$$=\frac{\nu wa}{E\{(1-\nu)t+a\}}$$

【演習問題 9.14】 薄肉円筒問題 2

図 9.21 のように円柱 A がパイプ B に隙間なく初期応力 0 ではめこまれている。パイプのみを引っ張るとき，円柱 A とパイプ B のヤング率およびポアソン比をそれぞれ E, ν として

（1）パイプ B に生じる円周方向垂直応力 $\sigma_{\theta B}$ を求めよ。

（2）円柱 A に生じる半径方向垂直応力 σ_{rA}, 円周方向垂直応力 $\sigma_{\theta A}$ を求めよ。なお，パイプと円柱間の摩擦は無視できるものとする。

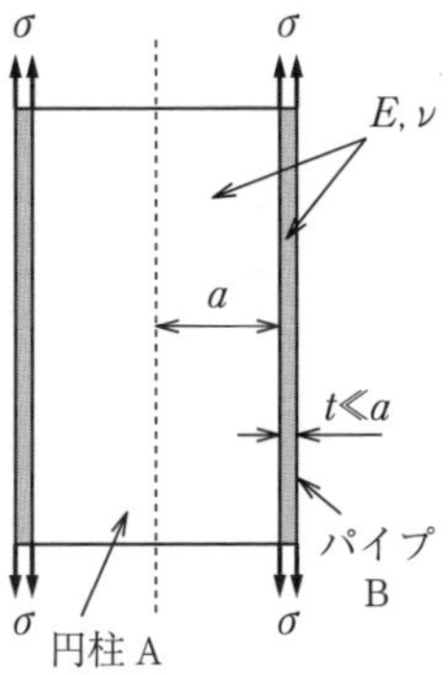

図 9.21

(解説)

（1）円柱およびパイプの自由体線図を描くと，**図 9.22** のようになる。

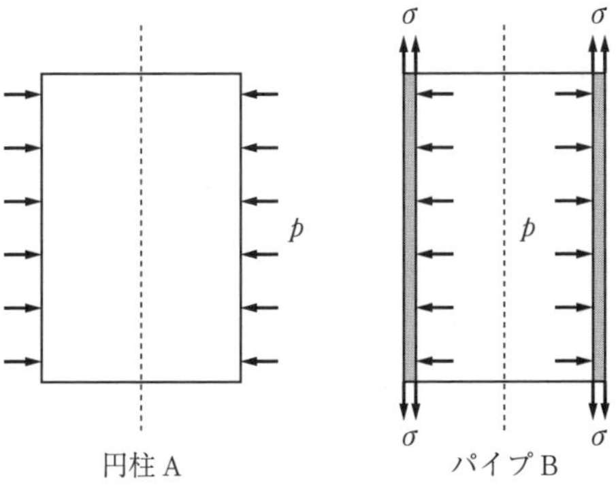

図 9.22

図より，円柱 A に生じる半径方向，円周方向，軸方向垂直応力 σ_{rA}，$\sigma_{\theta A}$，σ_{zA} を p を用いて表すと，それぞれ

$$\sigma_{rA}=\sigma_{\theta A}=-p,\quad \sigma_{zA}=0$$

また，パイプ B に生じる半径方向，円周方向，軸方向垂直応力 σ_{rB}，$\sigma_{\theta B}$，σ_{zB} を p を用いて表すと，それぞれ

$$\sigma_{rB}\cong 0,\quad \sigma_{\theta B}=\frac{pa}{t},\quad \sigma_{zB}=\sigma$$

円柱 A とパイプ B に生じる円周方向垂直ひずみ $\varepsilon_{\theta A}$，$\varepsilon_{\theta B}$ が等しいことから

$$\varepsilon_{\theta A}=\varepsilon_{\theta B}$$

$$\therefore \frac{1}{E}\{-p-\nu(-p+0)\}=\frac{1}{E}\left\{\frac{pa}{t}-\nu(0+\sigma)\right\}$$

上記の関係から p を求めると

$$p=\frac{\nu t}{(1-\nu)t+a}\sigma$$

以上から，パイプ B に生じる円周方向垂直応力 $\sigma_{\theta B}$ は

$$\sigma_{\theta B}=\frac{\nu a}{(1-\nu)t+a}\sigma$$

（2）円柱 A に生じる半径方向垂直応力 σ_{rA} および円周方向垂直応力 $\sigma_{\theta A}$ は

$$\sigma_{rA}=\sigma_{\theta A}=-\frac{\nu t}{(1-\nu)t+a}\sigma$$

【演習問題 9.15】 薄肉円筒問題 3

図 9.23 に示すような内径 d，幅 $t(t \ll d)$ のリング A の内側に，幅 t のリング B が隙間なくはめられている。温度を ΔT 上昇させたとき，以下の問に答えよ。なお，リング A，B の線膨張係数，ヤング率，ポアソン比はそれぞれ α_A, E_A, ν_A と $\alpha_B(>\alpha_A)$，E_B, ν_B とする。

（1）リング同士の接触圧力 p を求めよ。

（2）リング A, B の円周方向垂直応力 $\sigma_{\theta A}, \sigma_{\theta B}$ を求めよ。

（3）リングの直径の変化量 Δd を求めよ。

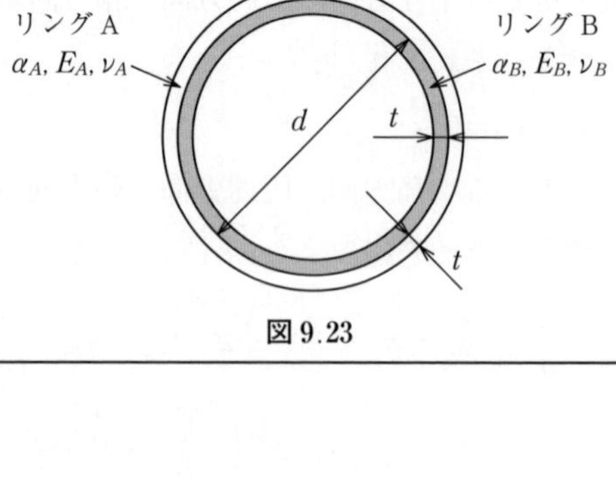

図 9.23

解説　リング A, B それぞれの自由体線図を描くと**図 9.24** のようになる。

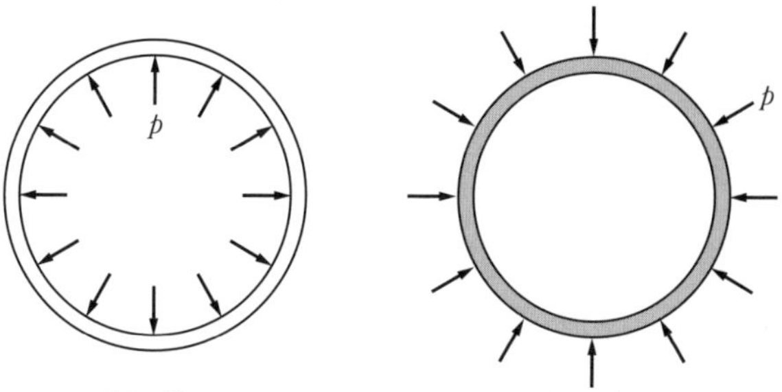

リング A　　リング B

図 9.24

（1）演習問題 9.12 より，リング A およびリング B の円周方向応力 $\sigma_{\theta A}$，$\sigma_{\theta B}$ はそれぞれ次式のように表される。

$$\sigma_{\theta A}=\frac{pd}{2t},\quad \sigma_{\theta B}=-\frac{pd}{2t}$$

ここで $\sigma_{\theta B}=-pd/2t$ となることは，$\sigma_{\theta A}=pd/2t$ の公式で内圧 p が負となる場合が，リング B の外圧 p に相当することで理解できる。

温度上昇によるリング A, B の直径増加量 Δd_{TA}，Δd_{TB} は，それぞれ

$$\Delta d_{TA}=\alpha_A d\Delta T,\quad \Delta d_{TB}=\alpha_B d\Delta T$$

また，円周方向応力による直径増加量 Δd_A，Δd_B は，それぞれ

$$\Delta d_A=\frac{pd^2}{2E_At},\quad \Delta d_B=-\frac{pd^2}{2E_Bt}$$

リング A とリング B の直径変化量が同じになればよいので

$$\alpha_A d\Delta T+\frac{pd^2}{2E_At}=\alpha_B d\Delta T-\frac{pd^2}{2E_Bt}$$

と書くことができ，リング同士の接触圧力 p は

$$(\alpha_B-\alpha_A)d\Delta T=\frac{(E_A+E_B)pd^2}{2E_AE_Bt}$$

$$\therefore p=\frac{2E_AE_Bt(\alpha_B-\alpha_A)\Delta T}{(E_A+E_B)d}$$

（2）（1）の結果から

$$\sigma_{\theta A}=\frac{d}{2t}\times\frac{2E_A E_B t(\alpha_B-\alpha_A)\Delta T}{(E_A+E_B)d}$$

$$\therefore\ \sigma_{\theta A}=\frac{E_A E_B(\alpha_B-\alpha_A)\Delta T}{E_A+E_B},\quad \sigma_{\theta B}=-\frac{E_A E_B(\alpha_B-\alpha_A)\Delta T}{E_A+E_B}$$

（3）（1）より

$$\begin{aligned}\Delta d&=\frac{d^2}{2E_A t}\frac{2E_A E_B t(\alpha_B-\alpha_A)\Delta T}{(E_A+E_B)d}+\alpha_A d\Delta T\\&=\frac{E_B(\alpha_B-\alpha_A)d\Delta T}{E_A+E_B}+\frac{(E_A+E_B)\alpha_A d\Delta T}{E_A+E_B}\\&=\frac{(E_A\alpha_A+E_B\alpha_B)d\Delta T}{E_A+E_B}\end{aligned}$$

章　末　問　題

【9.1】

図 9.25 に示すように，穴が開いた一辺 L の立方体の剛体枠に直径 D，長さ L の弾性体をはめ込み，弾性体を上下から圧力 p で圧縮した。ただし，弾性体のヤング率を E，ポアソン比を ν とする。なお，一般化されたフックの法則は次式のとおりである。

$$\varepsilon_1=\frac{1}{E}\{\sigma_1-\nu(\sigma_2+\sigma_3)\}$$

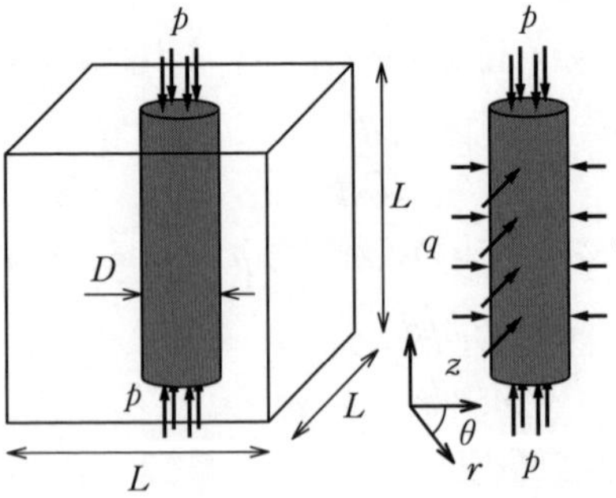

図 9.25

（1）弾性体が受ける応力は半径方向応力 $\sigma_r=-q$，円周方向応力 $\sigma_\theta=-q$ となる。q を求めよ。

（2）軸方向のひずみ ε_z を求めよ。

（3）剛体枠があることによって，弾性体の軸方向の見かけのヤング率 E' は $E'=\sigma_z/\varepsilon_z$ と表すことができる。$\nu=0.5$ のとき，E' はどのような値になるか求めよ。

【9.2】

図 9.26 に示すように，両端が固定された直径 d，肉厚 t の薄肉円筒（$t \ll d$）が内圧 p を受けている。円筒中央部の軸方向応力 σ_z，円周方向応力 σ_θ，ならびに直径 d の増加量 Δd を求めよ。ただし，円筒のヤング率を E，ポアソン比 ν とする。

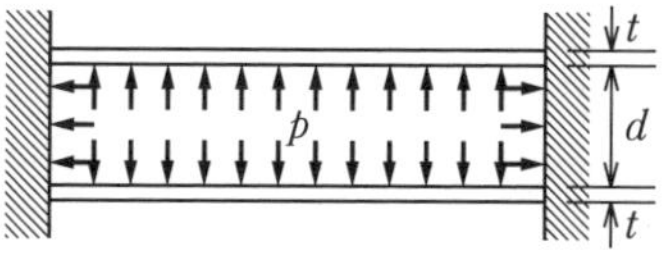

図 9.26

【9.3】

図 9.27 に示すような，室温で外筒 A の内径が内筒 B の外径と正確に一致す

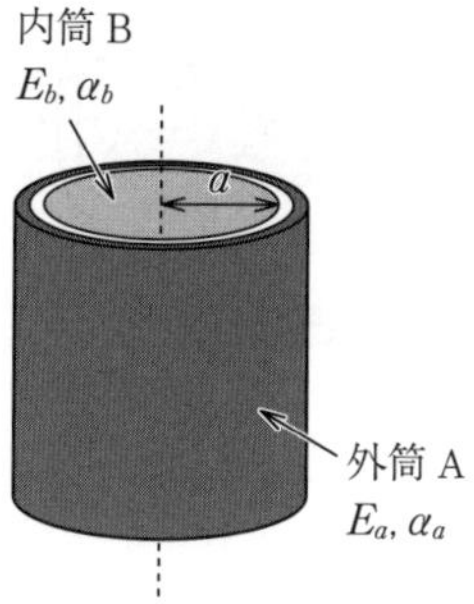

図 9.27

る薄肉円筒を組み合わせ，ΔT〔K〕だけ温度を上昇させた。

円筒に生じる円周方向応力 $\sigma_{\theta A}$，$\sigma_{\theta B}$ を求めよ。なお，A, B それぞれのヤング率，線膨張係数は $E_a, E_b, \alpha_a, \alpha_b (\alpha_a < \alpha_b)$ であり，肉厚，半径はともに t, a とする。

【9.4】

図 9.28 に示すように，肉厚 t，内径 d のパイプに直径が Δd だけ大きい剛体棒を圧入した。つぎの問に答えよ。ただし，$d \gg t$ でパイプの縦弾性係数を E，ポアソン比を ν とする。

（1）剛体棒と円管の接触面に作用する圧力 p を求めよ。

（2）パイプに作用する円周方向応力 σ_θ を求めよ。

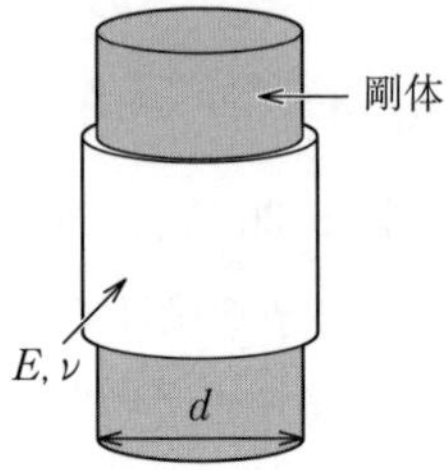

図 9.28

【9.5】

図 9.29 のような薄肉球殻容器に内圧 p を作用させた。内圧が作用する前後の半径増加量 Δr を求めよ。なお，球殻の材料のヤング率を E，ポアソン比を ν とする。

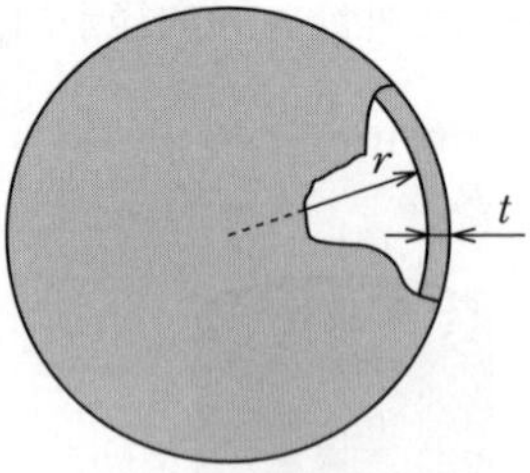

図 9.29

10

直線棒の圧縮による座屈

軸方向に圧縮荷重を受ける場合，3章で学んだように棒は軸方向に一様に変形する。しかし，断面積に対して長い柱は，圧縮荷重がある限界値に達すると急に大きく変位する。これは**座屈**と呼ばれる現象であり，そのときの限界値を**座屈荷重**という。座屈現象は，圧縮による降伏とは別に材料が使用できなくなるもう一つの状態で，その限界値は材料に固有のものではなく，棒の形状寸法と弾性係数によって決まる。演習によって座屈現象の理解を深めるとともに，座屈しない形状寸法についても考えてほしい。

10.1　剛体棒の座屈

【演習問題 10.1】剛体棒の座屈

図 10.1 のように圧縮荷重を受ける剛体棒の座屈荷重 P_{cr} を，つぎの二つの方法で求めよ。

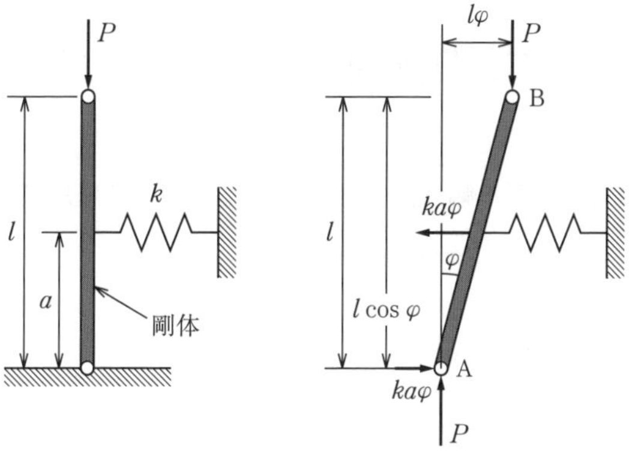

図 10.1

（a）微小量だけ変形した状態での平衡条件から求める方法。

（b）外力のなす仕事 W と系のひずみエネルギー U が等しいという条件を用いる方法。

解説　（a）の方法では，剛体棒が φ だけ傾いて釣合っているとすると（点A回りのモーメントの釣合いを考えれば），座屈荷重 P_{cr} は

$$Pl\varphi = ka\varphi \times a \quad \rightarrow \quad P_{cr} = \frac{ka^2}{l}$$

（b）の方法では，外力のなす仕事 W は

$$W = P\delta = P \times l(1-\cos\varphi)$$

$$= Pl \times 2\left(\sin\frac{\varphi}{2}\right)^2$$

$$\cong Pl\frac{\varphi^2}{2}$$

P がなした仕事はばねのひずみエネルギー U として蓄えられる（剛体棒は変形しないため，ひずみエネルギーは蓄えない）。よって，U は

$$U = \frac{1}{2}k(a\varphi)^2$$

したがって，$W=U$ から

$$Pl\frac{\varphi^2}{2} = \frac{1}{2}k(a\varphi)^2 \quad \rightarrow \quad P_{cr} = \frac{ka^2}{l}$$

10.2　弾性棒の座屈（オイラーの座屈荷重）

【演習問題 10.2】片側を剛体壁で固定された直線棒の座屈荷重
（オイラーの座屈荷重）1

図 10.2 のような一端固定の直線棒（曲げ剛性 EI）の座屈荷重 P_{cr} を，演習問題 10.1（a）の方法に従って求めよ。

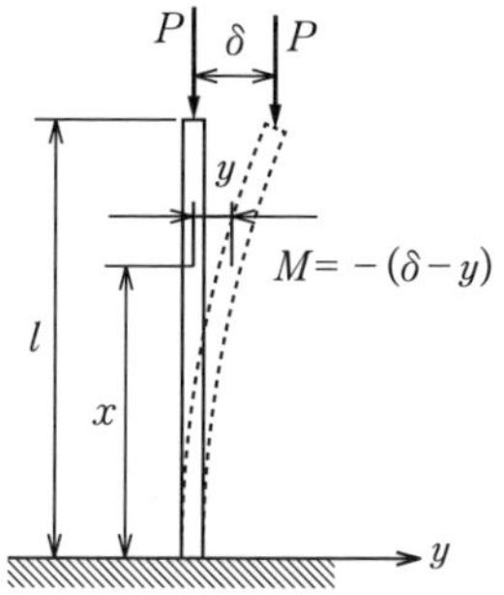

図 10.2

（解説）　着力点が δ（$\delta \neq 0$）だけ変位した状態で平衡条件が満たされているとすると，点 x の曲げモーメント M は

$$M = -P(\delta - y) \quad \rightarrow \quad \frac{d^2y}{dx^2} = -\frac{M}{EI} = \frac{P}{EI}(\delta - y)$$

$P/EI = \alpha^2$ と置けば

$$\frac{d^2y}{dx^2} + \alpha^2 y = \alpha^2 \delta \tag{10.1}$$

式 (10.1) の一般解は

$$y = A\cos\alpha x + B\sin\alpha x + \delta \tag{10.2}$$

式 (10.2) が満たすべき境界条件は

$x=0$ で $y=0 \quad \rightarrow \quad A+\delta=0$

$x=0$ で $\dfrac{dy}{dx}=0 \quad \rightarrow \quad B\alpha=0$

$x=l$ で $y=\delta \quad \rightarrow \quad A\cos\alpha l + B\sin\alpha l = 0$

仮定 $\delta \neq 0$ のもとで，条件を満たすためには

$$\delta\cos\alpha l = 0 \quad \rightarrow \quad \cos\alpha l = 0 \tag{10.3}$$

式 (10.3) を満たす荷重 P の値は次式から求まる。

$$\alpha l = \frac{\pi}{2},\ \frac{3\pi}{2},\ \frac{5\pi}{2},\ \cdots$$

現実に問題となるのはその最小値 P_{cr} であるから，$\alpha l = \pi/2$ より

$$P_{cr}=\frac{\pi^2}{4}\frac{EI}{l^2}$$

この荷重 P_{cr} を**オイラーの座屈荷重**という。このとき，柱の変位曲線はつぎのようになる。

$$y=\delta(1-\cos\alpha x)$$

【演習問題 10.3】片側を剛体壁で固定された直線棒の座屈荷重（オイラーの座屈荷重）2

長方形断面（高さ $h=300$ mm，幅 $b=100$ mm），高さ $l=10$ m の鋼柱（ヤング率 $E=206$ GPa）の下端が完全固定され，上端の断面の図心に圧縮荷重が作用するとき，この柱の座屈荷重 P_{cr} を求めよ。

(解説)　演習問題 10.2 より座屈荷重 P_{cr} は次式で与えられる。

$$P_{cr}=\frac{\pi^2}{4}\frac{EI}{l^2}$$

長方形断面の図心を通る x 軸および y 軸に関する断面 2 次モーメント I_x，I_y はそれぞれつぎのようになる。

$$I_x=\frac{bh^3}{12},\quad I_y=\frac{hb^3}{12}$$

$h>b$ であるから，$I_x>I_y$ であり，柱は y 軸方向には曲がらず，x 軸方向に曲がるため，P_{cr} の計算では $I=I_y$ とするべきであることに注意しなければならない。したがって，$E=206$ GPa を用いて

$$P_{cr}=\frac{\pi^2 E}{4l^2}\left(\frac{hb^3}{12}\right)=\frac{\pi^2\times 206\times 10^3\times 300\times 100^3}{4\times(10\times 10^3)^2\times 12}=127\,071\ \text{N}$$

$$=127\ \text{kN}$$

ちなみに，座屈が起こる直前の圧縮応力 σ は

$$\sigma=-\frac{P_{cr}}{A}=-\frac{P_{cr}}{bh}=-\frac{127\,071}{100\times 300}$$

$$=-4.24\ \text{MPa}$$

となり，普通の鋼材の降伏応力よりはるかに低い値である。

【演習問題 10.4】支持条件が異なる直線棒の座屈 1

一端固定他端自由の直線棒の座屈荷重から，支持条件が異なる図 **10.3**（a），（b）の座屈荷重 P_{cr} を求めよ。ただし，曲げ剛性を EI とする。

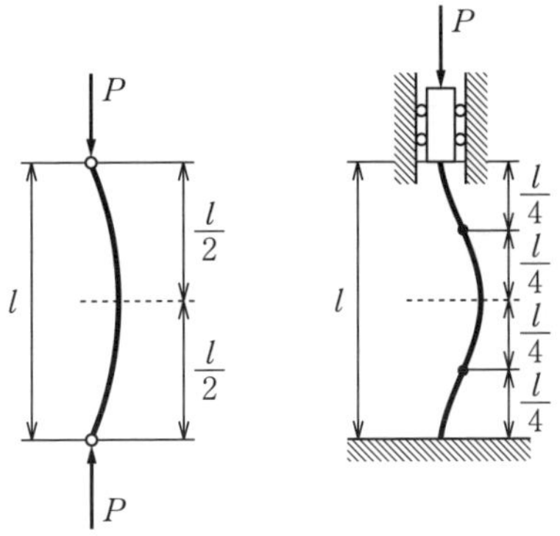

（a）　（b）

図 10.3

解説 支持条件の違いによって，変形状態（変形パターン）は異なる。図（a），（b）をそれぞれ一端固定他端自由の変形パターンの長さが $l/2$，$l/4$ に相当する変形状態と考えれば，座屈荷重 P_{cr} は以下のように求められる。

図（a）の両端回転支持では

$$P_{cr} = \frac{\pi^2}{4}\frac{EI}{(l/2)^2} = \pi^2\frac{EI}{l^2}$$

図（b）の両端固定支持では

$$P_{cr} = \frac{\pi^2}{4}\frac{EI}{(l/4)^2} = 4\pi^2\frac{EI}{l^2}$$

したがって，オイラーの座屈荷重 P_{cr} は，端末係数 n を用いて一般につぎのように書ける。

$$P_{cr} = n\frac{\pi^2 EI}{l^2}$$

端末係数は，一端固定他端自由：$n=1/4=0.25$，両端回転自由：$n=1$，両端固定：$n=4$ である。

【演習問題 10.5】 支持条件が異なる直線棒の座屈 2

両端回転自由の直線棒（断面積 A，断面 2 次モーメント I）が圧縮の降伏応力で座屈する限界の形状を，棒の長さ l と回転半径 $i=\sqrt{I/A}$ を用いて表せ。ここで，棒材のヤング率 E は 210 GPa，降伏応力 σ_s は 250 MPa とする。

（解説）　座屈を起こすときの応力 σ_{cr}（座屈応力）はオイラーの座屈荷重を用いてつぎのように表される。ただし，n は端末係数である。

$$\sigma_{cr}=\frac{P_{cr}}{A}=n\frac{\pi^2 EI}{l^2 A}$$

$$=n\pi^2\frac{E}{\left(\dfrac{l}{i}\right)^2}$$

ここで，l/i は細長比と呼ばれ，この値が大きいほど座屈しやすいことを表すパラメータである。**図 10.4** のように，棒が短い（細長比が小さい）場合は降伏応力で破損し，棒が長い（細長比が大きい）場合は座屈応力によって使用不能となる。図 10.4 の限界点 C の細長比は，両端回転自由の場合（$n=1$）

$$\frac{l}{i}=\pi\sqrt{\frac{nE}{\sigma_s}}=\pi\sqrt{\frac{210\times10^3}{250}}$$

$$=91.1$$

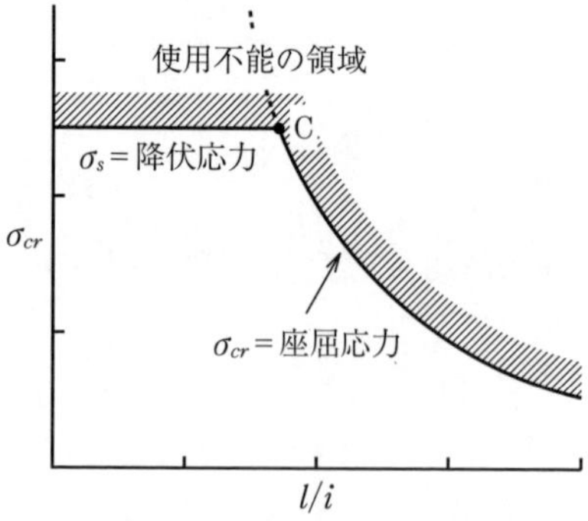

図 10.4

【演習問題 10.6】 曲げ荷重と圧縮荷重が同時に作用する両端支持はりの座屈

図 10.5 のように等分布荷重 w を受ける両端支持はり（曲げ剛性 EI）に，水平方向に圧縮荷重 P が作用する。このときのたわみ曲線の式および座屈荷重 P_{cr} を求めよ。

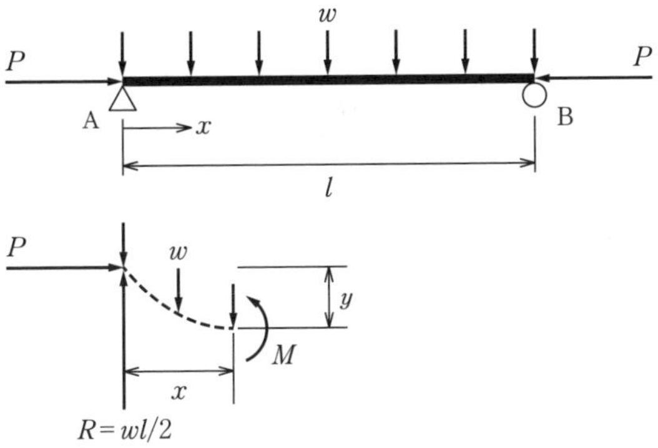

図 10.5

(解説)　はりの支点反力 $R=wl/2$ であるので，点 A から x の位置に生じる曲げモーメント M は

$$M=Py+\frac{wl}{2}x-\frac{w}{2}x^2 \tag{10.4}$$

式 (10.4) をはりのたわみの微分方程式（演習問題 2.5）に代入して

$$\frac{d^2y}{dx^2}=-\frac{M}{EI}=-\frac{P}{EI}y-\frac{wl}{2EI}x+\frac{w}{2EI}x^2=-\alpha^2y-\frac{w\alpha^2}{2P}(lx+x^2)$$

ここで，$P/EI=\alpha^2$ と置けば

$$\frac{d^2y}{dx^2}+\alpha^2y=\frac{w\alpha^2}{2P}(x^2-lx) \tag{10.5}$$

式 (10.5) を解けば，一般解は

$$y=A\cos\alpha x+B\sin\alpha x+\frac{w}{2P}\left(x^2-lx-\frac{2}{\alpha^2}\right)$$

両支点での境界条件 $x=0$，l で $y=0$ より

$$x=0 \text{ で } y=0 \quad \to \quad A-\frac{w}{P\alpha^2}=0 \quad \to \quad A=\frac{w}{P\alpha^2}=\frac{wEI}{P^2}$$

$$x=l \text{ で } y=0 \quad \to \quad A\cos\alpha l+B\sin\alpha l-\frac{w}{P\alpha^2}=0 \quad \to \quad B=\frac{wEI}{P^2}\frac{1-\cos\alpha l}{\sin\alpha l}$$

したがって，たわみ曲線の式はつぎのようになる。

$$\begin{aligned} y&=\frac{wEI}{P^2}\cos\alpha x+\frac{wEI}{P^2}\frac{1-\cos\alpha l}{\sin\alpha l}\sin\alpha x+\frac{w}{2P}\left(x^2-lx-\frac{2}{\alpha^2}\right)\\ &=\frac{wEI}{P^2}\frac{1-\cos\alpha l}{\sin\alpha l}\sin\alpha x-\frac{wEI}{P^2}(1-\cos\alpha x)-\frac{w}{2P}x(l-x) \end{aligned} \tag{10.6}$$

はりの中央で最大たわみ $y_{\max}$ が生じるので，式 (10.6) に $x=l/2$ を代入して

$$\begin{aligned} y_{\max}=y_{x=l/2}&=\frac{wEI}{P^2}\frac{1-\cos\alpha l}{\sin\alpha l}\sin\frac{\alpha l}{2}-\frac{wEI}{P^2}\left(1-\cos\frac{\alpha l}{2}\right)-\frac{wl^2}{8P}\\ &=\frac{wEI}{P^2}\frac{1-\cos(\alpha l/2)}{\cos(\alpha l/2)}-\frac{wl^2}{8P} \end{aligned}$$

ただし，上式の変形では下記の関係を用いた。

$$\begin{aligned} \sin\alpha l&=\sin\left(\frac{\alpha l}{2}+\frac{\alpha l}{2}\right)\\ &=2\sin\left(\frac{\alpha l}{2}\right)\cos\left(\frac{\alpha l}{2}\right)\\ \cos\alpha l&=\cos\left(\frac{\alpha l}{2}+\frac{\alpha l}{2}\right)\\ &=2\cos^2\left(\frac{\alpha l}{2}\right)-1 \end{aligned}$$

最大たわみは，$\cos(\alpha l/2)=0$，すなわち $\alpha l/2=\pi/2$ で $y_{\max}\to\infty$ となるので，座屈荷重 P_{cr} は

$$P_{cr}=\frac{\pi^2EI}{l^2}$$

となる。この結果は演習問題 10.4，図 10.3（a）に示す両端回転支持の直線棒の座屈荷重と等しい。したがって，両端支持はりおよび両端回転支持の直線棒の場合，座屈荷重は棒に対して垂直方向に作用する等分布荷重の影響を受けないことがわかる。

章 末 問 題

【10.1】

図 10.6 のように，一端が固定され，他端が水平に自由に動きうる軟鋼棒（直径 $d=10$ mm，ヤング率 $E=206$ GPa）に軸圧縮荷重が作用している。長さ $l=500$ mm ならば，オイラーの座屈荷重 P_{cr} はいくらになるか。

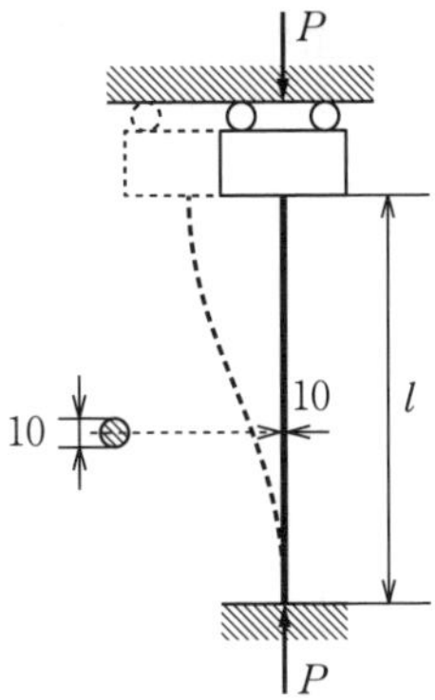

図 10.6

【10.2】

両端回転自由の鋼製の棒を考える。棒全体の長さが等しいとき，円形断面（直径 d）と正方形断面（辺の長さ d）では座屈応力 σ_{cr} は何倍程度異なるか。

章末問題解答

2章

【2.1】

長方形断面の断面2次モーメントから円形断面の断面2次モーメントを引けばよい。円形断面については，平行軸の定理を用いる。

$$I=\frac{bh^3}{12}-\left(\frac{\pi d^4}{64}+e^2A\right)\times 2=\frac{bh^3}{12}-\left(\frac{\pi d^4}{64}+\frac{h^2}{8}\times\frac{\pi d^2}{4}\right)\times 2$$

$$=\frac{bh^3}{12}-\frac{\pi d^4}{32}\left(1+2\frac{h^2}{d^2}\right)$$

【2.2】

（1）

$$\frac{A_2}{A_1}=\frac{d_2^2-d_1^2}{d^2}=\left(\frac{d_2}{d}\right)^2\left\{1-\left(\frac{d_1}{d_2}\right)^2\right\}=1 \quad\rightarrow\quad \frac{d_2}{d}=\sqrt{\frac{4}{3}}$$

（2）

$$\frac{I_{p2}}{I_{p1}}=\frac{\dfrac{\pi}{32}\left(d_2{}^4-d_1{}^4\right)}{\dfrac{\pi}{32}d^4}=\frac{d_2{}^4-d_1{}^4}{d^4}=\left(\frac{d_2}{d}\right)^4\left\{1-\left(\frac{d_1}{d_2}\right)^4\right\}=\left(\frac{4}{3}\right)^2(1-0.5^4)=\frac{5}{3}$$

この結果から，両軸に同じ大きさのねじりモーメントが作用する場合，中空軸のほうが剛性が高くなることがわかる。

3章

【3.1】

部材に作用する軸力 S および伸び δ を表すと**解図3.1**のようになる。

部材 AC の伸びは δ なので

$$\frac{(P-k\delta)a}{EA}+\frac{-k\delta a}{EA}=\delta$$

$$Pa-2k\delta a=\delta EA$$

$$Pa=(2ka+EA)\delta$$

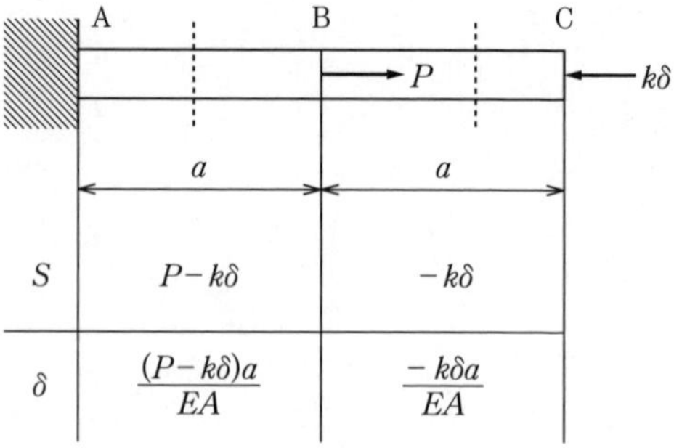

解図 3.1

$$\therefore \delta = \frac{Pa}{2ka + EA}$$

【3.2】

（1）荷重の作用により，剛体棒 AE は以下の**解図 3.2** のように傾く。

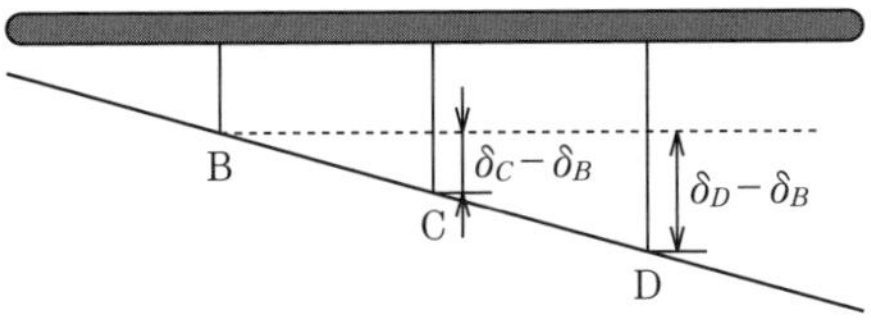

解図 3.2

幾何学的条件から，δ_B，δ_C，δ_D の関係は以下のようになる。

$$(\delta_D - \delta_B) = 2(\delta_C - \delta_B)$$

$$\left(\frac{T_D L}{EA} - \frac{T_B L}{EA}\right) = 2\left(\frac{T_C L}{EA} - \frac{T_B L}{EA}\right)$$

$$\therefore 2T_C = T_B + T_D \tag{1}$$

点 E 回りのモーメントの釣合いは

$$P \times 4a - T_B \times 3a - T_C \times 2a - T_D \times a = 0$$

$$\therefore 4P = 3T_B + 2T_C + T_D \tag{2}$$

上下方向の力の釣合いは

$$P - T_B - T_C - T_D + 2P = 0$$

$$\therefore 3P = T_B + T_C + T_D \tag{3}$$

式 (1)，(2)，(3) より

$$T_B = 0$$

$$T_C = P$$

$$T_D = 2P$$

となり，剛体 AD の自由体線図は，**解図 3.3** のようになる。

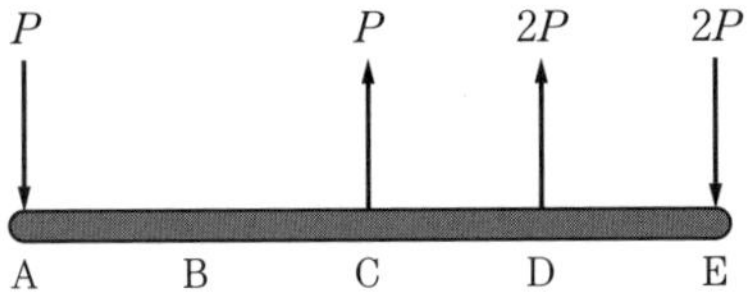

解図 3.3

（2）それぞれの線材の伸びは

$$\delta_B = 0$$

$$\delta_C = \frac{PL}{EA}$$

$$\delta_D = \frac{2PL}{EA}$$

4章

【4.1】

（1）部材の各区間に生じるねじりモーメント T_i およびねじれ角 φ は，**解図 4.1** のように表される。

図から，$T_D = 2T$ となる。

（2）各点のねじれ角は

$$\varphi_A = \frac{32Ta}{G\pi d^4}$$

$$\varphi_B = \frac{38Ta}{G\pi d^4}$$

$$\varphi_C = \frac{580Ta}{G\pi d^4}$$

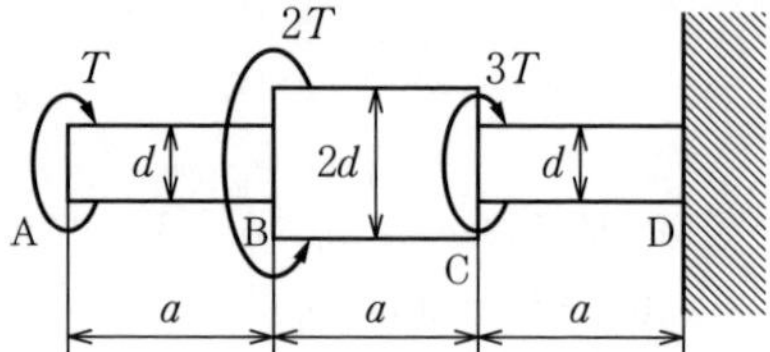

T_i	T	$-T$	$2T$
φ	$\frac{32Ta}{G\pi d^4}$	$\frac{-2Ta}{G\pi d^4}$	$\frac{64Ta}{G\pi d^4}$

解図 4.1

【4.2】

（1）部材の各区間に生じるねじりモーメント T_i およびねじれ角 φ は**解図 4.2** のように表される。

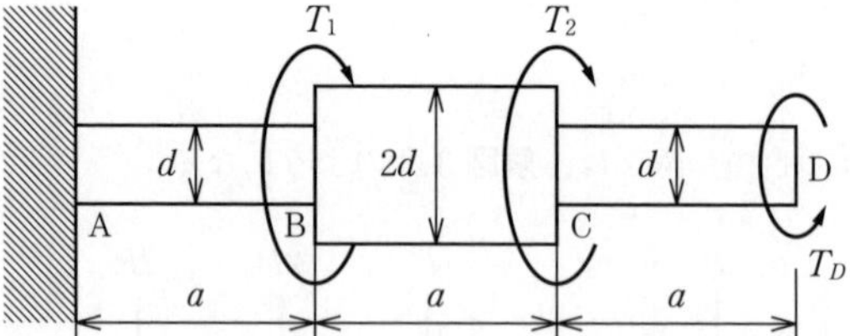

T_i	$T_1 + T_2 - T_D$	$T_2 - T_D$	$-T_D$
φ	$\frac{32(T_1+T_2-T_D)a}{G\pi d^4}$	$\frac{2(T_2-T_D)a}{G\pi d^4}$	$\frac{-32T_D a}{G\pi d^4}$

解図 4.2

$\varphi_{AB}+\varphi_{BC}+\varphi_{CD}=0$ となるので

$$\frac{32(T_1+T_2-T_D)a}{G\pi d^4}+\frac{2(T_2-T_D)a}{G\pi d^4}-\frac{32T_Da}{G\pi d^4}=0$$

これを T_D について解くと

$$T_D=\frac{16T_1+17T_2}{33}$$

同様に T_A について考えると

$$T_A=\frac{17T_1+16T_2}{33}$$

（2）点 B，C のねじれ角 φ_B，φ_C は

$$\varphi_B=\frac{32T_Aa}{G\pi d^4}=\frac{32a}{G\pi d^4}\times\frac{17T_1+16T_2}{33}$$

$$\varphi_C=\frac{32T_Da}{G\pi d^4}=\frac{32a}{G\pi d^4}\times\frac{16T_1+17T_2}{33}$$

5 章

【5.1】

$$\delta_B=\frac{4Pa^3}{9EI}$$

【5.2】

点 B で切断すれば，AB 間には圧縮荷重 P と曲げモーメント Pa が作用するので，点 B のたわみ $\delta_{B\rightarrow}$ およびたわみ角 θ_B は

$$\delta_{B\rightarrow}=\frac{Pa\times a^2}{2EI}=\frac{Pa^3}{2EI},\quad \theta_B=\frac{Pa\times a}{EI}=\frac{Pa^2}{EI}$$

したがって，点 C のたわみは

$$\delta_{C\downarrow}=\theta_B\times a+\frac{Pa^3}{3EI}=\frac{4Pa^3}{3EI}$$

$$\delta_{C\rightarrow}=\delta_{B\rightarrow}=\frac{Pa^3}{2EI}$$

6 章

【6.1】

（1）$R=\dfrac{41}{64}wa$

（2）（**解図 6.1**）

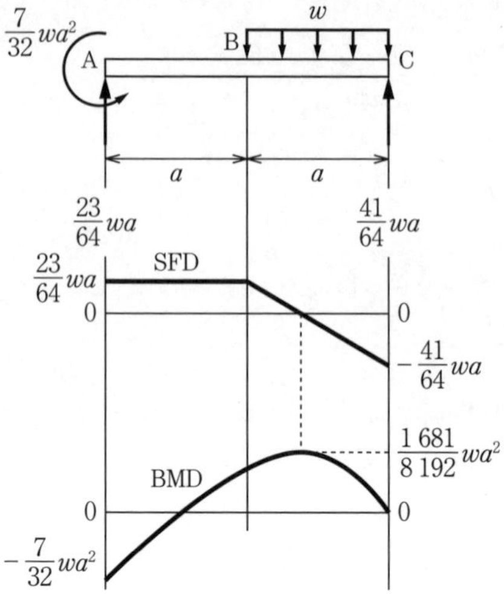

解図 6.1

【6.2】

$$R=\frac{3}{8}P,\quad \delta_{Cx}=\frac{7Pa^3}{48EI}$$

7 章

【7.1】

相当曲げモーメント M_e および相当ねじりモーメント T_e は

$$M_e=\frac{1}{2}\left(M+\sqrt{M^2+T^2}\right)=\frac{1}{2}\left(1\,000+\sqrt{1\,000^2+2\,000^2}\right)=1\,618\ \mathrm{N\cdot m}$$

$$T_e=\sqrt{M^2+T^2}=\sqrt{1\,000^2+2\,000^2}=2\,236\ \mathrm{N\cdot m}$$

材料の許容引張・せん断応力 σ_a，τ_a 以下になるようにしなければならないため，$\sigma_{\max}=\sigma_a$，$\tau_{\max}=\tau_a$ と置いて

$$\sigma_a=\frac{32}{\pi d^3}M_e \quad\rightarrow\quad d=\sqrt[3]{\frac{32M_e}{\pi\sigma_a}}=\sqrt[3]{\frac{32\times 1\,618\times 10^3}{\pi\times 120}}=51.6\ \mathrm{mm}$$

$$\tau_a=\frac{16}{\pi d^3}T_e \quad\rightarrow\quad d=\sqrt[3]{\frac{16T_e}{\pi\tau_a}}=\sqrt[3]{\frac{16\times 2\,236\times 10^3}{\pi\times 60}}=57.5\ \mathrm{mm}$$

よって，より安全な直径として，$d=58$ mm とする。

【7.2】

点 C の垂直方向変位 δ_C によってばねに生じる反力 $R=k\delta_C$ であるから

$$\delta_C=\frac{R}{k}=\frac{(P-R)a^3}{3EI}-\left(\frac{Rb^3}{3EI}+\frac{Rb\times a}{GI_p}\times b\right)$$

したがって

$$R=\frac{Pa^3}{a^3+b^3+\dfrac{3EI}{GI_p}ab^2+\dfrac{3EI}{k}},\quad \delta_C=\frac{R}{k}=\frac{Pa^3}{k\left(a^3+b^3+\dfrac{3EI}{GI_p}ab^2\right)+3EI}$$

8 章

【8.1】

（1）（**解図 8.1**）

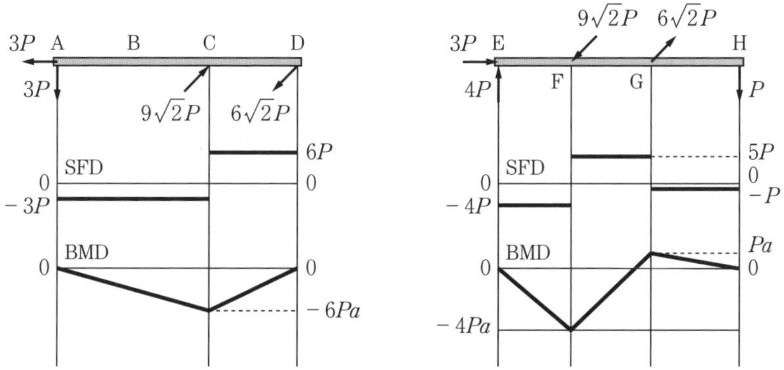

解図 8.1

（2）

$$\frac{1}{2}P\delta_{H\downarrow}=\frac{(9\sqrt{2}\,P)^2\sqrt{2}\,a}{2EA}+\frac{(6\sqrt{2}\,P)^2\sqrt{2}\,a}{2EA}\quad\rightarrow\quad\delta_{H\downarrow}=\frac{234\sqrt{2}\,Pa}{EA}$$

【8.2】

はり ABC とはり CDE をそれぞれハーフモデルとすることで，**解図 8.2** のような片持はり 4 本としてモデル化できる。

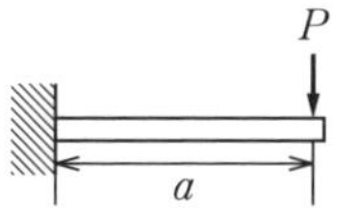

解図 8.2

したがって

$$\frac{1}{2}P\delta_E=\frac{1}{2}\times P\times\frac{Pa^3}{3EI}\times 4$$

$$\therefore\ \delta_E=\frac{4Pa^3}{3EI}$$

【8.3】

（1）　$M(\theta)=T\sin\theta$

$T(\theta)=T\cos\theta$

（2）

$$\delta_B=\frac{\pi}{2}\,Ta^2\left(\frac{1}{EI}+\frac{1}{GI_p}\right)$$

【8.4】

$$\delta_{A\downarrow}=\frac{2Pa^3}{3EI}$$

【8.5】

$$\varphi_F=\frac{4Ta}{GI_p},\quad \delta_F=\frac{2Ta^2}{GI_p}$$

9章

【9.1】

（1）　$q=\dfrac{\nu}{1-\nu}p$

（2）　$\varepsilon_z=-\dfrac{(1+\nu)(1-2\nu)}{1-\nu}p$

（3）　$E'=\dfrac{\sigma_z}{0}\to\infty$

【9.2】

$$\sigma_\theta=\frac{pd}{2t},\quad \sigma_z=\frac{rpd}{2t}$$

$$\Delta d=\frac{pd^2(1-\nu^2)}{2Et}$$

【9.3】

$$\sigma_{\theta A}=\frac{(\alpha_b-\alpha_a)E_aE_b\Delta T}{E_a+E_b},\quad \sigma_{\theta B}=-\frac{(\alpha_b-\alpha_a)E_aE_b\Delta T}{E_a+E_b}$$

【9.4】

（1）　$p=\dfrac{2Et\Delta d}{d^2}$

（2）　$\sigma_\theta=\dfrac{E\Delta d}{d}$

【9.5】

$$\Delta r=\frac{(1-\nu)pr^2}{2Et}$$

10章

【10.1】

破線で示すように圧縮による変形を考えれば，長さ $l/2$ で一端固定・他端自由の変形パターンと同じになる。したがって，オイラーの座屈荷重 P_{cr} は

$$E=206\ \mathrm{GPa},\quad I=\frac{\pi d^4}{64}=\frac{\pi\times10^4}{64}=490.9\ \mathrm{mm}^4$$

を用いて

$$P_{cr}=\frac{\pi^2EI}{4(l/2)^2}=\frac{\pi^2EI}{l^2}=\frac{\pi^2\times206\times10^3\times490.9}{500^2}=3\,992\ \mathrm{N}=3.99\ \mathrm{kN}$$

【10.2】

棒のヤング率と長さ，および支持条件が等しい場合，座屈応力は回転半径（断面2次半径）で決まる。

断面2次モーメントを I，断面積を A とすると，円形断面と正方形断面の回転半径 $i_{円}$，$i_{正}$は，それぞれ

$$i_{円}^2=\frac{I}{A}=\frac{\pi d^4/64}{\pi d^2/4}=\frac{d^2}{16},\quad i_{正}^2=\frac{I}{A}=\frac{d^4/12}{d^2}=\frac{d^2}{12}$$

両端固定条件の座屈応力 σ_{cr} はつぎのようになるから，ヤング率を E として，円形断面と正方形断面の座屈応力 $\sigma_{cr円}$，$\sigma_{cr正}$の比は

$$\sigma_{cr}=\frac{P_{cr}}{A}=\frac{4\pi^2EI}{l^2A}=\frac{4\pi^2E}{(l/i)^2}=\frac{4\pi^2E}{l^2}i^2$$

$$\therefore\ \frac{\sigma_{cr正}}{\sigma_{cr円}}=\frac{i_{正}^2}{i_{円}^2}=\frac{d^2/12}{d^2/16}=\frac{16}{12}=\frac{4}{3}=1.33$$

索　引

——著者略歴——

野田　尚昭（のだ　なおあき）

1979 年　九州工業大学工学部機械工学第二学科卒業
1981 年　九州工業大学大学院工学研究科修士課程修了（機械工学専攻）
1984 年　九州大学大学院工学研究科博士課程修了（機械工学専攻）
　　　　工学博士
1984 年　九州工業大学講師
1985 年　米国リーハイ大学客員研究員
1987 年　九州工業大学助教授
2003 年　九州工業大学教授
　　　　現在に至る

小田　和広（おだ　かずひろ）

1990 年　九州工業大学工学部機械工学科卒業
1992 年　九州工業大学大学院工学研究科博士前期課程修了（設計生産工学専攻）
1995 年　九州工業大学大学院工学研究科博士後期課程修了（設計生産工学専攻）
　　　　博士（工学）
1995 年　徳山工業高等専門学校助手
1996 年　徳山工業高等専門学校助教授
2011 年　徳山工業高等専門学校教授
2012 年　大分大学教授
　　　　現在に至る

髙木　　怜（たかき　れい）

2017 年　九州工業大学工学部機械知能工学科卒業
2019 年　九州工業大学大学院工学府修士課程修了（機械工学専攻）
2019 年　九州工業大学大学院工学府博士課程在学（工学専攻）
2021 年　日本文理大学非常勤講師
　　　　現在に至る

演習問題で学ぶ

材 料 の 力 学

Strength of Materials Focusing on Equilibrium

2022 年 4 月 25 日　初版第 1 刷発行　★

検印省略

著　　者　野　田　尚　昭
　　　　　小　田　和　広
　　　　　髙　木　　　怜
発 行 者　株式会社　コ ロ ナ 社
　　　　　代 表 者　牛 来 真 也
印 刷 所　新 日 本 印 刷 株 式 会 社
製 本 所　有限会社　愛千製本所

112-0011　東京都文京区千石 4-46-10
発 行 所　株式会社　**コ ロ ナ 社**
CORONA PUBLISHING CO., LTD.
Tokyo Japan
振替 00140-8-14844・電話(03)3941-3131(代)
ホームページ　https://www.coronasha.co.jp

ISBN 978-4-339-04678-6　C3053　Printed in Japan　(西村)